后浪

Harnessing the Power
of the Most Misunderstood Emotion

如何用焦虑给自己赋能

好焦虑

Good
Anxiety

Dr. Wendy Suzuki

[日]铃木温迪

[英]比利·菲茨帕特里克——著

陈汐——译

贵州出版集团
贵州人民出版社

谨以此书纪念我的父亲铃木三雄和我的弟弟铃木大卫。

感谢你们！想念你们！爱你们！

医疗免责声明

本书仅代表作者的观点和想法。出版它的目的是，为本书所讨论的主题提供丰富、有用的信息。购买本书时请知悉，作者和出版方不参与提供书中所提及的医疗、健康或任何其他类型的个人专业服务。读者在采纳本书的任何建议或从本书得出的推论之前，请先咨询医疗、健康或其他相关领域的专业人员。

书中信息的任何应用均由读者自行决定，并由其独自承担相关责任。

书中的一些名字和身份信息已做了相应的处理。

前 言

　　我们生活在一个充满焦虑的年代。焦虑已经成了一种常态，仿佛四处弥漫的毒气，而我们对此也习以为常；焦虑成了这个世界上无法改变的现实。从全球性疫情，到崩溃的经济，到平日家中那些紧张的挑战，我们有太多合情合理的原因让自己焦虑了。永不停歇的新闻从早到晚循环播放，社交媒体上的信息不断更新，这些也加剧了我们的不安；我们周遭有太多需要过滤的信息，也有太多无法让我们放松下来的信息。日常生活中的压力似乎不可避免。但是，我们也无法避免让自己感受到它吗？

　　这样说的确没错，但是，这件事也并不像我们所想的那样。

　　我早期对这个课题的研究和写作始于我在纽约大学担任神经科学家时的实验室。在那个时候，我从来没有真的觉得自己是一个焦虑的人，直到我开始注意到我的被试者、朋友、实验室成员、同事甚至我自己用下面这些词语来形容我们的感受。

"忧虑"。

"烦躁不安"。

"压力大"。

"心烦意乱"。

"无聊"。

"悲观"。

"缺乏动力"。

"紧张"。

"快要崩溃了"。

"充满戒备"。

"受到惊吓"。

"无法入睡"。

这些词是不是听上去很耳熟呢?

一项谷歌的搜索结果显示,28% 的美国人——超过 9000 万人——都在遭受着某种焦虑障碍的折磨,包括惊恐障碍（panic disorder）、创伤后应激障碍（PTSD）和广泛性焦虑症（GAD）。然而,相对于焦虑真正影响的人数而言,这些数字所代表的临床诊断人数只是九牛一毛。全世界有数以亿计的人经受着焦虑的折磨,这种焦虑虽然因为程度低而没有达到临床水平,但是顽固持久,一样让人心力交瘁。我们大部分人都曾在某个时候经历过这种焦虑。你经历过那些即便你精疲力竭也依然让你彻夜难眠的担忧吗?你的待办清单上是否总有办不完的事情,让你感觉永远也没法好好喘口气?你是不是经常心烦意乱,以至于无法专注地读完一篇杂志上的文章,更别提好好思考问题了?你身上有没有一种疏离感,使得你没办法用你喜欢的方式和亲友相处?也许你对以上某一种或所有感觉颇为熟悉，我称这些感觉为"日常焦虑"（everyday anxiety）。没错，在我们的生活中，焦虑有很多种表现形式。即便你不感到焦虑，可能也会承认，现代生活几乎总是充满了压力。

最近的一些估算表明，90%的人在生活中会经历焦虑并受其影响——这个数字颇为惊人。面对焦虑，除了接受之外，我们别无选择，很多人（包括我自己）都是这样想的。无论焦虑以什么形式出现，多多少少都将成为我们生活中不可分割的一部分。焦虑会消耗我们的精力，制造不快，把我们变丑，还会使我们的性欲减退，甚至会让我们难以和朋友及所爱之人建立真正的联系。也许我们会经历一段美好的时光，焦虑似乎会消失一阵子，但迟早我们会再一次陷入恐惧、忧虑以及无穷无尽的"假如……会怎样"的担忧中。

并且，由于人们并不觉得这些症状非常严重或会导致失能，日常焦虑通常得不到治疗——即便它的副作用极大地影响了我们的日常生活和人际关系，影响了我们完成工作的能力，影响了我们体验快乐和享受自我的能力，影响了我们接受新鲜有趣的事物、事业和变化的意愿。日常焦虑成了我们生活的强盗。

压力是生活中不可避免的一部分，我们当中有太多人抱持着这种想法。似乎持续不断的紧张、失眠、分心和恐惧才是我们对自己所生活的世界的正常反应。事实上，有些人感受不到自己心中的焦虑，但是他们会将焦虑视为他们外部整体压力的一部分，仿佛如果他们不奋力奔走的话，焦虑就会像一朵马上要下雨的乌云，让他们避无可避。

当我开始对焦虑感兴趣的时候，我想将我在"锻炼与大脑"（我第一本书的主题）方面的开创性研究用于帮助人们更有效地管理焦虑。这一举动旨在解决我所看到的周遭的焦虑危机——这些焦虑危机存在于我所工作的纽约大学校园中，存在于我的一部分研究所进行的高中校园里，存在于我那些才华横溢、努力工作的朋友和同事中，还存在于我在世界各地旅行期间所观察到的、反映了我所读到的统计数据的事物中。我相信锻炼、适当的营养以及冥想可以减轻和缓解焦虑，我自己的研究也证实了这一点。但是一开始，我并没有意识到焦虑有多么复杂；也没有意识到，**倘若我们只是将焦虑视作需要避免、摆脱或抑制的东西，那么我们不仅解决不了问题，事实上还会失去一个利用焦虑的原动力的机会。**

随着研究的深入，我发现了焦虑全然不同的一面：当然了，焦虑的确令人不快，但是它并非必然如此。极端焦虑（指未严重到临床水平，但是我们生活中最具挑战性和压力最大的时刻都是其带来的那种焦虑）破坏性十足——这一点毫无疑问。但是大多数人，包括科学家、医生和治疗师在内，都会经常忽略一个事实，即我们人类所感受到的焦虑其实对我们的生存至关重要。换句话说，焦虑对我们来说亦敌亦友。

这种矛盾以一种非常个人化的方式吸引了我的注意力。

快 40 岁的时候，我撞上了一堵墙，它就是众所周知的中年危机。我对自己的生活极度不满。我的体重比正常体重多了 25 磅^①（约合 11.34 千克）。我从早到晚地工作，日日如此。我感到沮丧和孤独，也对将自己从乏味的生活里拯救出来感到力不从心。问题的答案总是科学，我开始向我最为了解的东西求助，我决定在自己身上做实验，我不停地重复，还使用了我在实验室里的黄金法则——随机对照研究。最后我发现，锻炼、改善营养和冥想不仅是减肥、提高效率、增强记忆力和集中注意力行之有效的方法，并且这些身心干预（"策略"在科学领域的说法）真的能改变大脑，更具体地说，能改变我们与焦虑的关系。

　　能够测量这些大脑的变化，这是此项研究一个真正令人满意的结果。此外，我还收获了另一个额外的惊喜：在改变了生活方式之后，我感觉好多了。我变得更开心、更乐观了，我的焦虑也更少了。我得承认，一开始我只是想减肥，希望有个更好的身材。我并没有预料到自己整体的心理健康水平和幸福感会有如此大幅的提升。我所做的改变将我之前的负面感受悉数除去，还把我带到了一个全新的高度——我从未想过自己会如此快乐、沉浸和满足。

　　于是，我怀着焦虑的心情回顾了之前的数据，我想更仔细地研究一下，在消极情绪转变成积极情绪的背后，到底暗

---

① 　1 磅≈0.45 千克。——编者注（若无特殊说明，本书脚注均为编者注）

藏着什么玄机。当我将自己新的跨学科分析和之前的数据做了同步研究后，我发现了真相，没错，我最初的挫败感和不适感其实是焦虑在神经生物学和心理学上的表现。从本质上讲，我们可以这样来解释焦虑：当遇到负面刺激或压力时，我们的大脑和身体会被唤醒和激活，这就是焦虑。大脑和身体在本质上是互相联系的（事实上，这种相互联系正是我使用"脑-体"一词来代指整个系统的原因）。当我开始追踪焦虑与更积极的态度、自信的提升和幸福感的增强之间的关系的神经生物学根源时，我发现我在大脑和身体上的唤醒（即焦虑）并没有突然消失；相反，我从一种消极的状态，转向了一种总体上更为积极的状态。

的确，身处一个严肃并充满竞争的行业当中，我的焦虑似乎不可避免。但是我开始将焦虑视作一种神经上的唤醒或刺激，这对我的生活产生了一系列不同的影响。就像一种能量一样，焦虑的唤醒的影响可以是积极的，也可以是消极的，这取决于个体如何应对特定的压力源①或外力。我意识到，在消极想法的促使下，我选择了锻炼、健康的饮食和冥想，这些方法引起了我在神经生物学上的反应，最后变成了我所经历的那些积极感受；而那些消极想法是由我们对以前的压力源（太多的截止日期，太多天没有喘口气或长时间休息，太多高糖、高脂肪的晚餐，几乎没有运动的生活方式）

---

① 又称"应激源"或"紧张源"，指任何能够被个体知觉到并产生压力反应的事件或刺激。

的消极反应引起的。我的焦虑驱使我在生活方式上做出改变，而这些现在成了我最大的快乐之源。

　　从这个角度来看，焦虑本身并不是坏事。我们究竟如何感受这种唤醒，这取决于当遇到外部压力源时，我们（或我们的脑-体系统）如何对其进行理解和处理。外部压力源也许会引发焦虑，并以担心、失眠、分心、缺乏动力、恐惧等形式呈现出来。但是，外部压力源也能引发积极的反应。例如，有一些人在当众讲话前会变得焦虑；而对另一些人来说，在人群面前侃侃而谈是非常刺激和让人兴奋的。而某种反应方式不一定就比另一种更好，它只是更准确地反映了一个人基于自己的过往经验并针对特定情形做出反应的方式。如果一个人对压力源的反应方式是根据认知而变化的，那么我们就有可能真正控制我们的反应。

————⋀————

　　焦虑是动态、多变的，这一想法让我大吃一惊。诚然，焦虑是生活中不可避免的一部分，没有人能不受其影响。但是，当我用这种无奈的态度去理解焦虑的时候，我和焦虑和解了。我不再将我的感受看成需要避免、压抑、否认或击败的东西了；相反，我学会了如何用焦虑来改善我的生活。我终于松了一口气。像所有人一样，我总是会和焦虑不期而遇。但是现在，当那些消极想法像一个令人讨厌的室友一样突然跑进我脑海里的时候，我知道自己该怎么做了。我会识别出它的踪迹，然后做出调整，这会让我的焦虑徐徐离开，让我的身体平静下来，让我的头脑冷静下来，这样我就会再次变得思路清晰、精力集中。这对我的生活可真是莫大的恩赐啊，无论是个人生活、职业生活，还是情感生活。在工作中，我的满足感和意义感更强了。我终于实现了生活和工作的平衡，对以前的我来说，这一点似乎遥不可及。我也更能享受自我了，不仅有时间去找不同的乐子，还能放松下来，思考对我来说什么是最重要的。这也是我对你的希望。

我们倾向于将焦虑视作负面的东西，因为我们只把它和负面、不适的感受联系在一起，这些感受给我们带来的只有失控。但是，只要我们打开自己，对其潜在神经生物学过程有更客观、更准确和更全面的理解，我们就能用另一种方式来看待焦虑。的确，当我们不注意的时候，要想掌控支配我们的思想、感觉和行为的反应模式，我们还面临着一定的挑战。如果你一想到要当众讲话就感到焦虑，你的脑-体系统或多或少会受这种反应支配——除非你有意识地对其加以干预和改变。但是，我看到了相反的证据：对焦虑状态本身而言，我们既可以进行干预，也可以做出积极的改变。

压力和焦虑之间的这种动态的交互作用对我来说非常有意义，因为它将我带回了我在神经科学研究的主要领域：神经可塑性（neuroplasticity）。大脑的可塑性并不是说大脑是由塑料构成的，它的意思是，大脑可以适应环境（以增强或损害的方式）。我对改善认知和情绪的研究就基于这一事实——大脑是一个适应性极强的器官，它依靠压力来保持活力。换言之，我们需要压力。如同一艘帆船要有风才能前进一样，脑-体系统也需要外力来促其成长、适应，而不至于死亡。如果风力太大，船可能会迅速陷入危机，失去平衡，然后沉没。当遭受了太多的压力时，脑-体系统也会开始消极应对；但是如果没有足够的压力，它又会停止成长，并像船一样搁浅。在情绪上，这种停滞可能表现为觉得无聊或无趣；在身体上，它可能表现为躯体增长的停滞。当脑-体系统面临足够的压力时，它的功能才能发挥到最优；当它没有压力的时候，只会停在原地，就好像一艘没有风吹动的帆船。

　　和身体的其他系统一样，我们与压力的关系也会受到内稳态（homeostasis）的驱动。当我们压力太大的时候，焦虑会驱使我们做出调整，让我们重归（内在）平衡。当生活中的压力恰到好处的时候，我们就会感到平衡——这正是我们一直在追求的幸福品质。这也是焦虑在脑-体系统中发挥作用的方式：它是我们的生活是否存在压力的动态标示。

　　当我开始改变生活方式，开始冥想、健康饮食、定期锻炼时，我的脑-体系统也做了调整，并慢慢适应了我新的生活方式。与焦虑相关的神经通路被重新校准了，这种感觉棒极了！那么，我的焦虑真的消失了吗？并没有！但是，当它出现的时候，已经换了一副面孔，因为我应对压力的方式变得更积极了。

这正是焦虑的变化，它从某种我们试图避免和摆脱的东西，摇身一变，成了某种对我们有益的东西。至于具体如何做到这一点，我正在学习。在我的实验和我对神经科学的深入理解的支持下，我不单单学会了如何用各种不同的新方式——锻炼、睡眠、饮食和新的身心练习——来促进我的心理健康，还学会了从自己的焦虑中退后一步来安排自己的生活，以使自己适应甚至尊重那些处于我焦虑状态核心的东西。这正是焦虑对我们有益的方式。我在纽约大学进行了一项研究实验，在实验中，我开始知道何种干预措施（包括锻炼、冥想、小睡、社会刺激）不仅对降低焦虑水平，而且对增强受焦虑影响最大的情绪和认知状态（包括专注程度、注意力水平、抑郁状态）的作用最大。

那么，焦虑究竟是如何起作用的呢？朋友们，我们对这个问题的认识就是本书的主题——也是我对你们的承诺：在本书中，我会带领大家理解焦虑在大脑和身体中是如何起作用的，并告诉大家如何利用这些知识让自己感觉更好、思路更清晰、做事更高效、表现更出色。在本书前面一部分内容中，你将学到更多关于如何利用焦虑、担忧和一般情绪不适背后的神经生物学过程来**建立新的神经通路**，创造新的思考、感觉和行为方式，从而改变自己的生活的知识。

我们与生俱来的适应能力会为我们提供改变的力量，并引导我们的思想、感觉、行为，以及我们与自身和他人的互动。当你采取那些利用焦虑的神经网络的策略时，你就打开了一扇门，这扇门会让你的脑-体系统在更深、更有意义的层面上被激活。我们受焦虑摆布的感觉就会被"我们可以用具体的方式来控制它"的感觉取而代之。焦虑会变成一种工具，以各种方式给我们的大脑和身体施压，这会在各个方面给我们的生活带来影响——无论是情绪上，还是认知上，抑或是身体上。这就是我称之为"焦虑的超能力"所涉及的领域。你的生活方式将会变得更高级、更充实，你的生活也将从平凡普通变得非同寻常。

利用我们所了解的关于可塑性的一切知识来创建一种个性化的策略，以调整我们对生活压力的反应，并将焦虑作为一个警示信号和机会来重新引导这种能量向好的方向发展，这就是本书的主旨。每个人对正向大脑可塑性的具体偏好都会有所不同，因为每个人都会以自己独特的方式来表现焦虑，但是当你学会了如何对焦虑做出反应、如何管理不适感、如何达到自我平衡时，你就会发现自己焦虑的超能力。焦虑可以是好的，也可以是坏的。事实证明，这一切都取决于你。

目　录

第二部分　焦虑与焦虑的秘密超能力

第三部分　好好焦虑的艺术

第一部分

关于焦虑的科学

1

什么是焦虑？

生活日复一日的压力常常让人觉得透不过气来，毫不夸张地说，我们每熬过一天都好像是翻越了一座巨大的山峰。我们夜里辗转反侧，无心安睡；白天心神不宁，忧心忡忡。责任、忧虑、犹豫、疑惑等将我们的生活塞得满满的。从惊恐到错失恐惧症（fear of missing out，FOMO），这些情绪无论是源于Instagram（照片墙）、Twitter（推特）、Facebook（脸书）之类的社交软件，还是源于网上的新闻，都过度刺激着我们的神经。对我们很多人来说，焦虑似乎是对世界现状的唯一恰当反应。

尽管人们给这样的情绪起了各种不同的名字，但这种人们面对压力时的身心反应就是焦虑。这种压力究竟是源于真

实的因素，还是只是想象或假想情境导致的？我们的身体其
实辨别不出其中的区别。但是从神经生物学角度来讲，究竟
是什么引发了焦虑，如果我们能明白这一点，并且对焦虑发
生时我们的大脑和身体会发生什么也有所了解的话，那么我
们就有可能明白怎样去拆解这些感受，将它们以大化小，从
而让我们能够绕开焦虑或管理焦虑。我们还可以利用焦虑的
能量，使之成为一种对我们有益的情绪。没错，我们确实可
以把焦虑当作一种能量。我们可以把焦虑当作对一个事件或
一种情境的化学反应，试想一下：当你孤立无援，并且时间
紧迫，你也没有受过任何训练时，焦虑这种化学反应可能会
像脱缰的野马一样失控，但你可以巧妙地控制并且合理地利
用它，从而给自己创造价值。

察觉到威胁时的焦虑

请想象自己穿越到了更新世 ①，你的身份是某狩猎采集
部落里的一名女性成员。你的工作是在河床的浅滩上寻找食
物，这里距离游牧帐篷营地大约 500 码 ②（约合 457.2 米）远。
你背着自己 1 岁大的宝宝，弯下腰，正想沿着河边找一找有
没有可以吃的东西。突然，你听到附近传来了一阵沙沙声。

———————

① 第 4 纪的第 1 个世，距今约 260 万年至 1 万年。
② 1 码 =0.9144 米。

你马上停下动作，僵在了那里。你悄悄蹲下身，动作非常轻柔，以免惊到宝宝，然后你找了个地方躲了起来，因为附近可能有袭击者，你要防止被发现。你一边蹲下来，一边竖起耳朵听着周围的动静，想弄清楚那声音与你大概的距离。你的心跳加速，全身涌起了肾上腺素；你重新站了起来，做出拔足狂奔或进行自卫的准备；你感觉自己的呼吸变得急促起来。

这一刻，你正身陷一种面临威胁时的反应当中，人在面对可能存在的危险时，就会做出这种无意识的反应。假设当你站起身后，瞥见一头大型猫科动物正在附近走来走去，那么你刚才的焦虑反应就是有理由的，并不是你在大惊小怪。现在，你或者选择一动不动，或者选择拔腿就跑，或者选择拼死一搏，你打算怎么办呢？你会做出哪一种选择，这取决于你当时的肾上腺素水平对你最佳生存机会的评估。假设当你站起来后发现只是一只鸟飞过，这时你的心跳会变慢并渐渐恢复正常，你的肾上腺素和恐惧感将会迅速消退，你的大脑和身体也将恢复到正常状态。

以上就是焦虑的第一个级别：这是人在面对威胁时的自动化处理。在这个时候，我们大脑中最原始的部分会不假思索，飞速运作。我们的大脑生来如此，就是为了确保我们能够生存下来。大脑向身体发送信号，继而身体做出反应——心跳加速，手心出汗，肾上腺素和皮质醇激增，消化系统和生殖系统骤然停工——这样才能让我们具有爆发力，得以快速脱身,从而保护自己和我们的后代。

现在,请想象另一个场景。这次让我们来到 2020 年郊区小镇的一条小巷子里,你独自住在小巷的一间一居室平房里。此时是晚上,你最喜欢的电视剧刚刚更新了一集,你打算沏杯茶,坐下来追剧。你烧上水,然后想从橱柜里找些饼干来吃。这时候,你听见后门传来一声巨响。你开始心跳加速,愣了一下之后你盯着后门,惊慌失措地想:是有人闯进来了吗?我会受伤吗?一开始你吓得一动都不敢动,但后来你决定从厨房的窗户偷偷看看是怎么回事,然后发现只是一只浣熊。这时你才回过神来,想起上周在车道上看到的垃圾,它们被弄得遍地都是——原来是这个小家伙干的。你重新坐下来喝茶、追剧,但好像一时间还有点惊魂未定。你开始焦虑地纠结这个街区的安全性,你开始思考要不要找一个室友、要不要搬到别的地方或高层公寓里去——那样就不会离街道那么近了。然后你想起近来入室盗窃案激增的新闻,又开始纠结要不要弄把枪来保护自己。这个念头让你突然开始害怕,满心的问号。于是,你干脆关掉电视,因为你没办法再愉快地追剧了。你决定来上一点助眠药,期望这能让你倒头就睡。你现在唯一想的就是,赶紧睡过去,免得再被这些可怕的感受弄得心烦意乱了。

上文中的种种场景也许只是假设,也许相隔久远,但是它们都呈现了焦虑的触发机制和体验,尽管焦虑所导致的结果各有不同。

首先，让我们来看一看它们的共同之处吧。甚至在你意识到之前，你的大脑就察觉出了可能存在的威胁或是潜在的危险，接着你的大脑会给身体发送信号，让你的身体做好行动的准备。在某种程度上，这种反应是生理上的，正如我们在前文中提到的那样，你会心跳加速，肾上腺素激增，呼吸变得更加急促——无论你是要逃跑，还是要自卫，这些都是为了让你做好快速行动的准备。这种反应也可能是情绪上的，皮质醇的释放会触发情绪上的反应，正如前文提到的两个例子中的主人公在面临恐惧时第一时间的感受。这种面对威胁时的反应通常被称作"战斗、逃跑或冻结"反应，它发生在弹指之间，你的大脑会试图在几微秒内弄清楚这一刺激究竟是不是威胁，以及你究竟是应该尽快逃开，还是和潜在的威胁战斗，抑或是僵住不动装死。在中枢神经系统中，负责控制这种反应的是一个叫作"交感神经系统"（sympathetic nervous system）的特定部分。由于其主神经通路基本位于脊髓外侧，这部分神经系统会自动工作，不受我们意识的控制。它会引发一连串反应，包括心跳加速、瞳孔放大（以便我们更能集中注意力于威胁的来源）、反胃的感觉（这是因为血液从消化系统一股脑儿涌向肌肉，以便我们能快速行动）；它还会激活我们的肌肉，无论我们是选择逃跑还是战斗，这都会给我们以力量。在危险的情况下，所有这些系统的激活都是十分有用的。对恐惧的生理反应和情绪体验必须自动发生，只有这样，我们才能及时注意到眼前的危险带来的威胁。

这样一来，焦虑就成了我们对威胁的一种与生俱来的反应，我们的脑-体系统就是利用它来保护我们的。同样，我们在面对恐惧时生理变化的加强也是我们保护自己的方式。

在第一个例子中，那位女性一旦确定自己没有身处险境，她的脑-体系统就会马上重置。在第二个例子中，即便故事的主人公看到罪魁祸首是只浣熊，她的焦虑反应仍然继续着，她的脑-体系统依然被恐惧感支配着，她觉得自己失控了。约瑟夫·勒杜克斯（Joseph LeDoux）教授是一位一流的神经科学家，也是我在纽约大学的同事之一，他解释说："当威胁存在且迫在眉睫的时候，人们就会出现恐惧状态；而当威胁只是有可能存在但不确定会不会发生的时候，人们就会出现焦虑状态。"在这个解释中，勒杜克斯将恐惧（当你面对真实的威胁时的感受）与焦虑（当你感觉或想象有危险时的感受）两者区分开来。更新世的女性经历的就是一次非常强烈的恐惧，并伴随着身体上的变化；而住在一居室平房里的那个女性感受到的则是焦虑，这是一种更为长久、更挥之不去的情绪体验。

———〱———

对焦虑的早期研究纷纷聚焦于这种前意识的、内在的恐惧反应上，并将它视作一种进化的适应机制，这种机制在本质上是自然的，也是有益的。它是大脑向我们传达信号的方式，这样我们才能被生存本能驱动，注意到可能存在的危险。但是，由于人类一直都在随着时间不断进化，世界也变得更加复杂、更有结构和更受社会驱动了，我们的大脑还没有完全跟上环境中日益增长的社会、智力和情绪需求，这就是为什么我们会不受控制地感到焦虑。这一系统根植于我们更为原始的大脑，它不是很擅长评估种种威胁间的细微差别。即便前额皮质（即大脑中对决策至关重要的上脑／执行部分）可以通过其智力来帮助我们操控这些基于恐惧的自动反应，但我们的原始大脑仍然会像几百万年前那样运作，在这一点上，大脑中那些与对威胁的自动反应相关的区域尤为如此。面对突然的响声，草原上的更新世女性和郊区小镇的当代女性一开始的反应很相似，这一机制就解释了出现这种现象的原因。但是，只有那位进化得更成熟的郊区小镇女性感到了挥之不去的焦虑和接踵而至的一系列担忧，而那位更新世的女性在判断出没有理由对眼前的危险感到恐惧后，就继续她的一天了。

神经科学家和灵长类动物学家罗伯特·萨波尔斯基（Robert Sapolsky）等一众科学家发现了一个颇具挑战性的真相。我们生活于其中的社会环境与旧时的已截然不同了，且更为复杂，而我们的大脑还没有做出足够的改变来应对这种新的社会环境。对我们所感知到的威胁的第一个级别的自动情绪反应仍然在更为原始的大脑［通常被称作"边缘系统"（limbic system），其核心包括杏仁核、脑岛和腹侧纹状体］深处产生和触发，但是我们如今的大脑尚无法自动分辨真实的威胁和想象的威胁；正因为这样，我们才常常陷于焦虑模式无法自拔。

萨波尔斯基表示，无论是作为个人还是一种文化，我们常常发现自己处于长期的压力状态之中，而缺乏洞察力就是这一情况的原因所在。在我们的环境中，我们无法过滤可能存在的威胁，我们也无法遏制自己对这些威胁在情绪、心理和生理上的反应。即便这些威胁是我们想象出来的，结果也一样。这些不受控制的反应损害着我们的健康，还会形成一个几乎持续不断的负反馈循环——这就是日常焦虑的终极本质。

萨波尔斯基和其他研究人员已经证明，我们的脑-体系统对威胁的反应处于长期激活状态——但不是因为真实存在的危险（例如大草原上的狮子），而是因为各种压力：被我们生活其中的嘈杂城市所加剧的压力、疾病或贫困带给我们的压力、精神虐待或创伤经历带来的压力。这些压力或大或小，有的看似无关紧要，有的痛苦难忘，我们的脑-体系统无法自动区分潜在的威胁和过度的刺激——这会导致我们的身体启动风险评估系统，即便我们看到的只是一辆路过的消防车，也会触发同样的结果。哈佛大学儿童发展研究中心的杰克·宋可夫（Jack Shonkoff）和他的研究人员进行了一项研究，其结果让人非常沮丧，这项研究表明，儿童如果在早期持续性地暴露于极端压力之下，其大脑会出现近乎永久性的适应不良，这会影响其智商和执行功能。这些压力包括食物上的不安全感，以及身体或精神上直接或间接的虐待。

毋庸置疑，我们对想象中的威胁的反应常常会导致我所说的坏焦虑，它包括长期的担忧、分心、身体和情绪上的不适、无望而悲观的感受、对他人意图的揣测，以及对自己生活的失控感。当我们在深夜无法入睡时，或是当我们被健康问题或生活中一些意想不到的创伤事件所触发时，我们的脑海中会浮现各种"假如……会怎么样"的担忧。当我们被困于这个循环的时候，我们就陷入了一种适应不良的脑-体系统反应中。

简化的大脑恐惧/压力/焦虑回路

尽管科学家们仍在努力揭示与这种威胁，或更准确地说，与这种压力反应相关的所有大脑区域和连接回路，但他们普遍认为，图1–1所示的大脑区域与之密切相关。杏仁核是位于颞叶深处的一个小小的杏仁状组织，可快速发现威胁性刺激。如果将杏仁核视为主脑的指挥，那么前额皮质则是上脑的指挥。当杏仁核对威胁性刺激（无论是真实存在的，还是想象出来的）做出自动反应的时候，它会激活包括下丘脑（控制着交感神经系统）在内的广泛区域，以对威胁或引

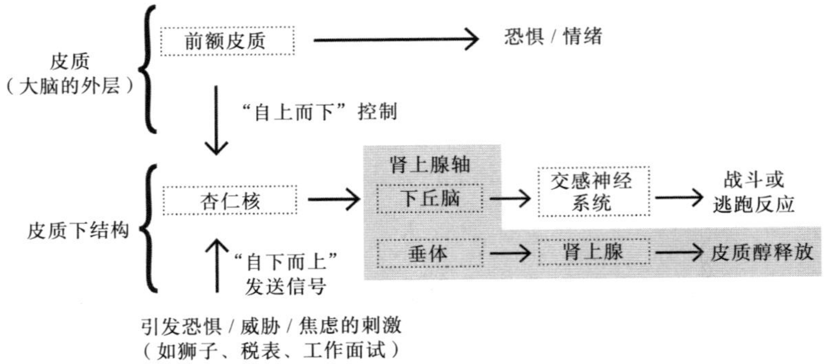

图 1-1 脑-体系统中的恐惧和情绪回路

发焦虑的刺激做出反应。交感神经系统通过大脑的下丘脑和垂体工作，然后激活皮质醇（肾上腺分泌的一种激素）的释放，从而提高心率，加速呼吸，释放葡萄糖（一种能量），并让身体为行动做好准备（交感神经系统由下丘脑控制，是自主神经系统的一部分，它会让身体为战斗或逃跑做好准备）。在如今的压力反应中，这种循环同样会发生，但是皮质醇会不断产生和释放——这就是坏焦虑的状态。

我们的大脑在处理情绪和思想的时候有两种方式，即"自下而上"的处理方式和"自上而下"的处理方式。"自下而上"的处理方式指的是自动化的情绪-诱发信号从下脑（即杏仁核和边缘系统的其他部位）发送到大脑皮层，以协助处理强烈的情绪反应（所谓的下脑也指皮质以下的任何大脑区域，或指大脑的外层）。

"自上而下"的大脑机制通常起始于大脑的前额皮质，并会控制下脑，例如杏仁核，这是对刺激产生强烈的情绪反应的地方。下丘脑-垂体-肾上腺轴（HPA axis）负责管理下丘脑和垂体之间复杂的交互作用，并控制肾上腺中应激激素皮质醇的释放。

日常焦虑与焦虑障碍

我们可以将焦虑视作一个连续统一体，一端是焦虑障碍，而日常焦虑则占据着这个连续统一体的大部分范围。

在这本书中，我们讨论的就是日常焦虑，但值得一提的是，被诊断为焦虑障碍的人数颇为惊人。目前，有 28% 的美国人在其有生之年被诊断出患有某种焦虑障碍——这一人数超过了 9000 万。根据其症状的发展和表现，心理学家和精神病学家将焦虑障碍分成 6 大类，其中，广泛性焦虑症是最为常见的，其患者会为生活的方方面面担心，并会因此而变得手足无措，他们担心的事情包括家庭和人际关系、健康、工作或事业的状态以及金钱。这一类患者无法遏制自己的担忧，经常会对存在威胁的现实失去洞察力。依据美国焦虑症和抑郁症协会的研究，广泛性焦虑症的症状包括以下几点。

▶ 总是感到恐惧或觉得即将会发生危险。

▶ 呼吸急促。

▶ 睡眠困难。

▶ 难以集中精神或保持注意力。

▶ 持续性的肠胃不适。

还有一种比较常见的焦虑障碍，叫"社交焦虑障碍"（SAD），常常被人们称为"社交恐惧症"。其患者会对社交场合感到恐惧，他们会担心别人对自己的看法，担心自己是不是属于某个社交群体或会不会被某个社交群体所接受。在极端情况下，社交焦虑障碍会引发惊恐障碍。根据美国焦虑症和抑郁症协会的研究，许多这一类患者会表现出强烈的身体症状，包括以下几点。

▶ 心跳加速。

▶ 恶心。

▶ 出汗。

有一些极度焦虑的人会患上惊恐障碍，这一类患者会经历突然而强烈的惊恐或恐惧体验。根据美国焦虑症和抑郁症协会的研究，惊恐障碍往往伴随着如下症状。

▶ 出汗。

▶ 打颤或发抖。

▶ 觉得呼吸短促或喘不过气。

▶ 感到窒息。

▶ 胸部疼痛或不适。

▶ 恶心或腹部不适。

▶ 感觉头晕眼花，站不稳，甚至昏厥。

▶ 浑身发冷或发热。

▶ 感觉异常（有麻木或刺痛感）。

▶ 现实感丧失（感觉不真实）或是人格解体（感觉脱离了自己）。

　　强迫症（OCD）也是焦虑障碍的一种，其患者会有强迫行为或是重复的思维模式。开始的时候，患者可能会把某些行为当作转移焦虑的应对策略，但是随后这些行为本身会变得有问题，并会加剧焦虑（而非减轻焦虑）。根据美国焦虑症和抑郁症协会的研究，强迫症患者可能会过于怕脏，执着于清洁和对称。常见的强迫行为包括检查、洗手／清洁以及整理。

　　创伤后应激障碍是一种非常常见的心理健康疾病，其很多患者是因为"经历或目睹了自然灾害、严重事故、恐怖事件、亲人或爱人的突然离世、战争、暴力人身攻击（如强奸），或其他危及生命的事件"而遭受的折磨。根据美国焦虑症和抑郁症协会的研究，美国约有 800 万人（占美国人口的 7%—8%）患有创伤后应激障碍。这种疾病主要有以下 3 大症状。

▶ 通过侵入性的痛苦回忆、闪回和噩梦，再次经历创伤。

▶ 情感麻木，会避开让其想起受到创伤的地方、人和活动。

▶ 清醒的时间增多，会出现睡眠困难、难以集中精神和注意力、焦虑不安以及容易烦躁和愤怒等问题。

　　除了上文列出的几类焦虑障碍之外，还有一种焦虑障碍——特定恐惧症（specific phobias），其患者的焦虑与其对某种事物的卑怯或非理性恐惧有关。常见的恐惧症包括对飞行的恐惧、对虫子的恐惧、对诸如电梯等封闭空间的恐惧、对桥梁或高处的恐惧。患者对特定事物的恐惧会非常强烈，以至于他们会为了竭力避开恐惧源而使自己的日常行事受限。

　　有一点非常重要，我们一定要牢牢记住：所有这些焦虑障碍都存在于一个连续统一体中，并且其强度和持续时间会因压力的程度和类型而有所不同。在这些严重的焦虑障碍中，有很多需要通过精神药理学药物来控制，这些药物会抑制神经系统或改变神经系统的方向，从而减轻焦虑。

　　美国焦虑症和抑郁症协会制作了一张焦虑特征列表，接下来让我们看看这张表吧［勒杜克斯的《焦虑》（*Anxiety*）一书也用了这张表］。

表 1-1　焦虑特征列表

日常焦虑	焦虑障碍
你会对付账单、找工作、亲密关系的破裂或其他重要的生活事件感到忧虑	你会有持续性的、未经证实的担心，这给你的日常生活带来了巨大的压力和干扰
在一个令人不适或尴尬的社交场合中，你会感到难堪或不自在	你会因为怕被人评价，或是怕难堪，抑或是怕丢脸，而避免出现在社交场合中
在重要的考试、工作报告、舞台表演或其他重要事情前，你会觉得紧张或出汗	你似乎会毫无征兆地恐慌发作，并害怕其会再次发作
对危险的事物、地方或情境，你会有切实的恐惧	你会对某个事物、地方或情境抱有非理性的恐惧，或是想避开它，而其对你只有一点或完全没有威胁
在创伤性事件发生后的当下，你会感到焦虑、悲伤或难以入睡	几个月或几年前发生的创伤性事件仍会引起你反复的噩梦、闪回，或让你情感麻木

版权：小房子工作室

　　看看上面这张表，日常焦虑的许多特征都是我们熟悉的，并且可能看起来不是很严重。而焦虑障碍的特征则表现得更为强烈，且更具破坏性；重要的是请记住，焦虑背后的生物学原理大体上是相同的，只不过它的表现方式是多种多样的。焦虑很多变，适应性也很强，这与我们大脑中的其他功能别无二致。好消息是，我们有能力管理焦虑，尤其是日常焦虑。事实上，我们古老的神经生物学知识是不断更新的。我们可以有意识地使用和应用神经可塑性这一原则，并学习如何更有效地管理环境中的压力源，这样焦虑就无法再控制我们了；相反，我们可以管理焦虑。

幕后真相

虽然在不同的情况下，焦虑会以不同的形式呈现，但不管是何种形式的焦虑，它们都有一些共同特征，我想在此指出。让我们来看一看，当我们感到无法控制自己的焦虑时，在我们的脑-体系统这块厚厚的幕布之后，到底会发生什么。当焦虑来袭时，我们会感到不适。我们会感到紧张和过度刺激，甚至可能会过度警惕。过多的皮质醇流经我们的脑-体系统，而我们似乎无法控制它的影响。而多巴胺和血清素这两种会让我们感到踏实和有掌控感的主要神经递质，其水平要么都过低，要么高到两者之间无法正常配合。因此，我们很难坚持完成任务，这可能会让我们拖延或无法完成任务。我们开始感到悲观，或许还有一点绝望。这种情绪失衡的状态会扰乱我们的睡眠周期、饮食习惯和整体健康。我们可能会开始想办法摆脱这些破坏性的想法和感受，比如酗酒、吸毒或暴食，这些办法会让我们在当下感觉还不错，但最终会使我们感觉迟钝或生病。焦虑持续的时间越长，我们就越不想和朋友们一起出去玩。我们开始退缩和自我孤立，这反过来又会让我们感觉很孤独。我们深深地陷入了担忧，以至于忘了要去寻求帮助。

好吧，以上对焦虑的描述听起来很可怕，但大多数人似乎对此都并不陌生，相比之下，学着控制日常焦虑这个想法听起来比较新颖。然而，当你开始管理焦虑的时候，你的感觉将会截然不同。由压力反应引发的焦虑唤醒会提醒你，有某些东西正在困扰着你——例如，家庭中或工作上的一个突然的变化。你开始注意到这种情况，并思考其中的关键：这个变化对你来说意味着什么？对你爱的人来说又意味着什么？你能控制这种情况吗？而对你能控制的事情，你开始组织思绪，即利用血清素、多巴胺和皮质醇来让自己关注下一步该做什么。这让你的情绪得到了调节，并使你的目标变得明确。你向你信任的人寻求反馈。你监督自己的进展。你接受自己犯下的错误或可能会促成这个变化的其他方式，并从中学习。你对新的思想保持开放态度。你确保照顾好了自己，好好吃饭，按时锻炼，这样你就能保证良好的睡眠，让你的脑-体系统有时间在晚上好好充充电。你决定不喝酒，因为你知道它的作用和镇静剂的一样。用不了多久，当你看着前方的道路时，你会开始感到更加放松和自在。

在前文的两个例子中，她们最初的焦虑看起来很相似，但威胁-防御系统的唤醒采取的路径却截然不同。

我们如何才能改变我们的压力反应，使其不会导致一连串负面影响，关于这一点，我们将在接下来的章节中详细向大家介绍。你将学习如何让你的身体安静和放松下来，让你的心情平静下来；你将学习如何改变想法并重新评估情况，以便做出对你而言有用的决定；你还将学习如何监控自己对压力的反应，以及如何忍耐不适的感受。

2

借大脑可塑性之力

　　大脑是如何改变其对环境中的刺激（即压力源）的反应的？ 20多年来，我在神经科学领域的研究一直聚焦于这个问题。我们知道，大脑已经进化到了可以成长、萎缩和适应的程度；进化到现在，大脑可以找到更有效地工作的方法。事实上，在细胞层面上，受到驱动的大脑能学会如何在黑夜中的蜿蜒小路上行驶，能辨认出某种特殊的猎鹰，能牢记一首新的曲子，甚至能创造出一种前所未有的雕刻形状。以上种种都是大脑可塑性发挥作用的例子。

　　基本上，成年人每天的每一分钟都在用大脑进行改变、学习和适应环境，如今我们已在物理／解剖学、细胞学及分子机制上对这一点有了详尽的了解。而不久之前，回溯至

20 世纪 60 年代，当时的主流观点是，成年人的大脑无法改变——所有神经系统的成长和发育都发生在童年时期，并会在青春期达到一定程度，而只要到了成年期，神经系统就不会再有什么变化了。

关于这一点，在 20 世纪 60 年代早期，加利福尼亚大学伯克利分校的神经学先驱玛丽安·戴蒙德（Marian Diamond）教授和她的同事有不一样的看法。他们认为，成年哺乳动物的大脑是能够发生深刻的变化的，但他们需要找到一种方法来证明自己是对的。于是，他们想出了一个简单而巧妙的实验来检验自己的想法。他们把一组成年老鼠放进了一个我称之为"迪士尼世界"的老鼠笼子里，里面有很多玩具，他们还会定期给它们更换玩具，笼子里也很宽敞，并且还有很多其他老鼠给它们做伴。他们称这是一个"富裕"的环境。他们将这组生活在富裕环境中的老鼠与另一组老鼠进行了比较。另一组老鼠生活的笼子小得多，里面也没有玩具，只有一两只其他老鼠陪着它们。他们将另一组老鼠的笼子称为"贫困"的环境。他们让这两组成年老鼠分别在各自的环境中生活了几个月，结束时，他们检查了两组老鼠的大脑解剖结构，想看看是否能发现有何不同。如果当时的其他科学家们的观点没错，那么他们就应该看不到两组老鼠的大脑解剖结构有什么不同，因为成年哺乳动物的大脑是无法改变的。反言之，如果他们的观点是正确的，即成年人的大脑能够发生改变，那么他们就可能会看到两组老鼠的大脑解剖结构存在着差异。这些科学家的发现改变了我们对大脑的认识：那组生活在"迪士尼世界"笼子里的老鼠的大脑尺寸更大，各个区域（包括视觉皮质、运动皮质和其他重要的区域）更发达。这一实验首次证明了成年期的大脑能够发生改变，我们现在称之为"成年人的大脑可塑性"。戴蒙德还进一步证明了，环境的内容和品质决定了大脑变化的类型。

还有一点非常重要，即这种可塑性是双重的。上述实验显示的改变（大脑可塑性的一个证明）是正面的，在"迪士尼世界"笼子里饲养的老鼠，其大脑尺寸的增大（后续研究表明，其神经递质水平、生长因子水平和血管密度均有所增加）证明了这一点。然而，负面的环境或经历也可能会对成年期的大脑造成负面影响。例如，当你的脑-体系统缺乏刺激或是暴露于一个暴力的环境当中时，你会看到大脑的某些区域（尤其是海马和前额皮质，关于这一点我们将在第二部分详细讨论）明显萎缩了，你还会看到神经递质（多巴胺和血清素）水平的下降——其有助于调节我们的情绪和注意力。如果孩子在被忽视的环境中长大，他们的大脑的突触数量就会减少（突触是大脑细胞间的连接，也是大脑细胞间交流发生的地方），从而致使其思维（即认知）变得不那么高效和灵活，而思维的这两个特质都与智力相关。

我们的大脑有着惊人的能力，它可以学习、成长和改变，成千上万的实验证实了这一点——从戴蒙德和其同事的经典研究开始，直至今日。相信自己可以学会管理焦虑并真心实意地欢迎焦虑，要做到这一点的关键是，我们要理解我们的大脑是如何具备可塑性、灵活性和适应性的。事实上，正面的大脑可塑性这一惊人能力的核心是，我们学习和改变自己行为（包括和我们与焦虑间的关系有关的种种行为）的能力。

大脑可塑性让我们能够学会如何冷静下来，重新评估环境，重新构建我们的思想和感受，并做出不同的、更积极的选择。

请你想一想：

▶ 愤怒是会给我们的注意力或执行力带来阻碍？

还是会让我们充满能量，并激励我们；提高我们的注意力；提醒我们什么是重要的（即优先级）？

▶ 恐惧是会将我们的心情碾压成泥，并引发我们对过往失败的回忆；夺走我们的注意力和焦点；破坏我们的表现（即让我们在压力下感到窒息）？

还是会让我们更加小心谨慎地对待选择；加强我们的反应；创造改变方向的机会？

▶ 悲伤是会让我们的好心情化为乌有，让我们动力全无，或是抑制我们的社会关系？

还是会点醒我们在生活中什么才是重要的；帮助我们理清思绪；激励我们改变我们的环境、处境或行为？

▶ 担心是会让我们拖延，妨碍我们完成目标？

　　还是会帮我们调整计划；调整我们对自己的期望，从而变得更实际、更以目标为导向？

▶ 沮丧是会阻碍我们的发展；妨碍我们的表现；窃取我们的动力？

　　还是会刺激我们，激励我们做得更多或更好？

　　以上这些对比也许看起来很简单，但是它们指明了能产生实实在在的结果的有力选择。换句话说，我们有选择。

　　就像我们通常所感受到的那样，焦虑有着消极情绪的特点。你还记得前言中那个描述消极情绪的清单吗？"烦躁不安""悲观""充满戒备""受到惊吓"——所有这些情绪状态通常都会让我们感觉很糟。但是事实证明，在应对这些情绪的时候，我们并非无能为力。而且，这些情绪并不全然是坏的；事实上，它们向我们提供了关于自身身心状态很重要的信息。我们焦虑的根源是我们在生活中重视什么的绝佳指示。既然如此，那我们还需要努力将这些消极情绪转化为积极情绪吗？要的。这些消极情绪表明了我们究竟觉得什么重要、什么有价值。如果我们对金钱的问题忧心忡忡，这提醒我们自己是多么重视经济稳定；如果我们对隐私很关注，这提醒我们自己需要足够的独处时间。

这样，我们的消极情绪就给我们提供了一个机会，让我们能够中断破坏我们自身压力反应的思维、感觉和行为模式的自毁式循环。要想获得对焦虑的控制权，第一步就是要了解我们的情绪是如何运作的。

消极偏见的力量

从很多方面来讲，焦虑都是一个集合了种种糟糕感受的词语。正如我在前文中所说的，焦虑的核心是一种全面的脑-体系统被激活的状态，在这种状态中，细胞会互相传递信号，你的能量会增加，你的脑-体系统会做好要做点什么的准备。这是一种警示信号，它想告诉你：它准备好了，正在跃跃欲试呢。当陷入坏焦虑的时候，这种激活状态可能会引发一系列感受：紧张、恐惧、不适、痛苦——这些消极情绪会摧毁我们的心情，让我们分神、退缩甚至自我孤立。

与这些消极情绪相反的是美好的、令人振奋的积极情绪：快乐、喜爱、幽默、兴奋、好奇、惊讶、感恩、宁静、鼓舞等。这些积极的情绪推动着我们与自己及他人保持联系；它们能通过强化我们的免疫系统来帮助我们抵御疾病和保持健康；它们会奖励能让我们感到愉悦和快乐的行为，这样我们就会继续这些行为来寻求这些奖励。所有这些积极情绪的特征多多少少会自动出现。例如，我们不会先告诉自己要快乐，然后才能感到快乐。所以，即便我们需要用消极情绪来保护自己免遭危险和威胁，我们也需要所谓的亲和式情绪或积极情绪。快乐、喜爱、兴奋和好奇会让我们寻求依恋和关系；求知欲会激励我们去学习、成长和理解我们周遭的世界；性欲会促使我们去寻找伴侣。

正如焦虑一样，我们的基本情绪都可以被视作基于大脑的信号，它们会提醒我们哪些事情对我们来说很糟糕（即是消极的），哪些事情对我们来说很有益。这些基本的或核心的情绪与我们的下脑（包括边缘系统）紧密相连，这样才能保护我们免受威胁，并激励我们去寻找自己需要的东西——住所、食物、陪伴。但是情绪已经进化得更为复杂了，这就是为什么我们在应对焦虑时会如此棘手。

焦虑常常会控制我们的情绪，其中一个原因是，我们倾向于自动关注消极情绪，而非积极情绪。我们的大脑会让消极的感受更加突出，并且这些感受在我们的记忆中会更加生动、更加强烈。因此，在被编入我们的大脑中时，这些情绪会更加明显。相较于积极情绪，为什么我们会更倾向于记住那些消极情绪呢？为什么我们会认为积极情绪是偶然的而非经常的呢？基本上，我们可以通过观察我们的大脑是如何进行防御的来回答这些问题：消极情绪会让大脑更容易找出问题，发现危险，避免痛苦。这些生存本能与我们神经系统的结构密切相关。

但是，从叙事的角度来看，当提及情绪的时候，大多数科学家、医生、心理学家和记者都会下意识地将其分为积极的和消极的两类，并且好像只要有可能的话，我们就应当避免消极情绪，似乎它们一定会对我们有害一样。这样一来，对于所有的消极情绪——愤怒、恐惧、担忧、悲伤、沮丧等，我们都会产生一种无意识的偏见。而科学的初衷往往是为了解释或预防疾病，很少会花时间在研究如何促进积极的情绪状态上。

阻碍我们研究积极情绪的一个因素是一种被广泛研究的现象，它就是消极偏见。消极偏见指的是一种自然偏见，即相较于积极情绪而言，我们的大脑更多的时候会释放出消极情绪。有越来越多的研究表明，不仅相较于同等强度的正面信息而言，负面信息会更快地吸引我们的注意力，而且相较于同等数量的正面信息而言，负面信息更能影响人们对事情的评价。我们都见过这种情况，也可能认识这样的人：无论有多少好事发生，这些人总是盯着出了问题的事情不放。也许你察觉到了自己也有过这种行为——这是因为消极偏见抬起了它丑陋的头颅。

从生物学和反思的角度来看，你会倾向于偏重消极情绪，而非积极情绪，这并不是你的错。但是，如果我们能学会将这些情绪带来的刺痛抛到脑后，我们就能给自己更多的空间来灵活处理这些情绪。如果我们能换个新的视角；如果我们能不再自动关注消极情绪，转而去关注那些我们希望达成的目标；如果我们能将消极情绪视作一种挑战而非拖累；如果我们能将这些情绪定位为值得好奇的信息而非避之不及的危险，将会发生什么呢？

在神经生物学层面，所有这些不同的情绪——包括那些典型的与焦虑相关的情绪——都有一个目的：让我们注意到某些非常重要的事情（在第二部分内容中，我们将深入研究如何引导可能导致坏焦虑的情绪能量；它与积极的思维模式、高效、最佳表现和创造力等的神经生物学原理相关）。

在情感神经科学（一种研究我们情绪体验的神经科学领域）中，有一项进展尤为重要，即我们的基本情绪不止五六种。1980 年，罗伯特·普洛特契克（Robert Plutchik）创建了图 2-1 这个情绪之轮，以此来表示每一种情绪都有着不同的强度或特点。

从这一角度来看待情绪就可以解释为什么改变我们对焦虑的看法如此重要。事实上，我认为焦虑——作为积极情绪和消极情绪的混合体——代表了整个情绪之轮！当你读完本书之后，我希望你能熟悉焦虑是如何以消极情绪和积极情绪的面貌出现在你的生活中的——焦虑不一定都是消极的！我们的情绪总在变化之中！

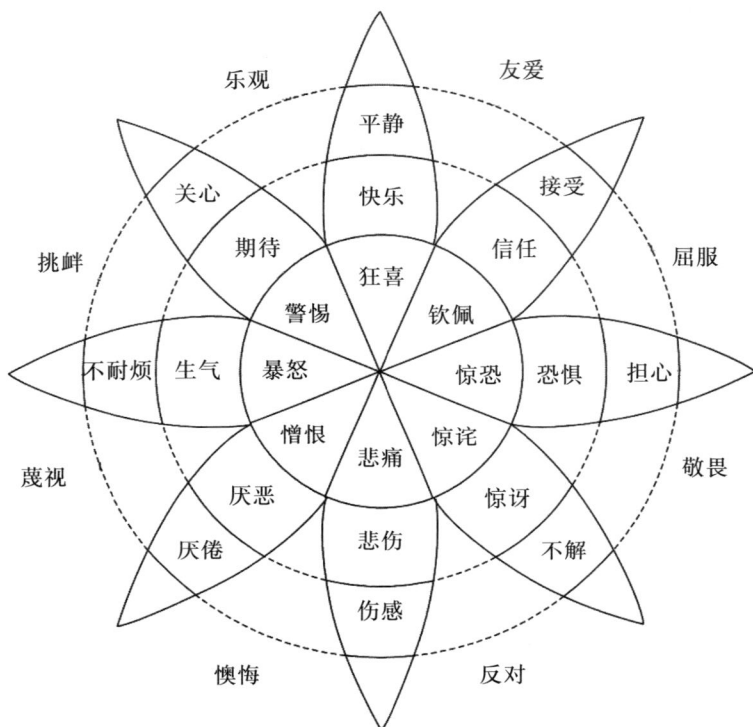

图 2-1　普洛特契克的情绪之轮

情绪可以调节

引发焦虑的压力不会消失，但是我们的确有能力"优化"我们对压力的反应。包括斯坦福大学心理学教授阿莉娅·克拉姆（Alia Crum）在内的一些研究人员已经展示了如何借助思维模式和重新评估技术（这两者都是前额皮质的功能）将压力视作挑战以及"表现和成长"的机会。

在神经生物学层面，克拉姆等研究人员的建议是情绪调节——帮助我们自上而下或自下而上地管理所有情绪反应（尤其是焦虑）的过程——这一更广泛的大脑研究领域和框架的一部分。

情绪调节是什么意思呢？研究情绪调节的专家詹姆斯·格罗斯（James Gross）以及一位斯坦福大学的心理学教授将情绪调节定义为"个体影响自身拥有哪些情绪、何时拥有这些情绪以及如何感受和表达这些情绪的过程"。虽然历史上的科学家们认为，情绪调节只是一个自上而下地控制自下而上的情绪的过程，但现在我们明白了，在自下而上的大脑区域（即边缘系统）和自上而下的大脑区域（前额皮质和其他与之相互作用的神经通路）之间有着更多的双向交互。这是为什么呢？其原因正如格罗斯所说，情绪调节是一个复杂的系统，这一系统中"相互连接的神经子系统在不同程度上相互监控着，并处于连续的双向兴奋或双向抑制的交互作用当中"。他还指出，情绪调节是一系列存在于"从有意识的、需要努力的、受控的调节，到无意识的、毫不费力的、自动的调节的连续统一体"中的过程。

在实践当中，这意味着什么呢？这意味着，最重要的是我们要明白：尽管当我们产生焦虑的时候，焦虑可能会以某种引人注意的信号的形式出现，以帮助我们规避危险，但它不一定会导致不适、分心或以其他方式干扰我们追求幸福和平衡的自然驱动力。我们可以学着用意识来重塑情境，消除对危险的感知，并将其重新评估为一个可以让我们克服挑战和开始新的学习（即反应）的机会。至于如何管理我们对信号的注意力和我们的焦虑感，我们有多种选择，如果能做到这一点，我们就能管理反应本身了。我们的大脑可真是个奇妙的存在！

我们的脑-体系统一直在朝着内稳态——一种唤醒和放松之间的平衡状态——趋近。所有的系统——从神经系统到消化系统、呼吸系统、血液循环系统、免疫系统及其他系统——都在相互作用和交换信号，以对压力源做出反应，然后恢复至内稳态。我们的情绪系统也是如此。我们之所以会产生消极情绪，是因为这样可以让我们注意到一些可能存在危险或风险的事情，然后做出一些改变或调整，这样我们才能感觉更好。换句话说，它们有一个积极的目的，并非只有我们通常所了解的那一面。在这一点上，焦虑也是一样的：作为消极情绪或不适的一般形式，焦虑是我们的脑-体系统在用自己的方式告诉我们"要注意了"。我们的内置系统需要管理消极情绪，特别是需要对消极情绪进行处理、反应和应对，这样我们才能保持或恢复内稳态，这就叫作"情绪调节"。

焦虑是多种情绪的混合体，这些情绪会破坏我们的情绪调节能力。它们这样做是因为，它们的存在就是为了让我们注意到某个不太正常的事情。一旦焦虑被触发唤醒之后，我们就需要将我们的调节工具应用到这些情绪上，以便开始处理它们；一旦我们这样做了，我们的焦虑就会消退，内稳态也会恢复。然而，我们调节情绪的能力并非总是可以预测的。事实上，每个人的情绪调节能力是不同的，这取决于一系列因素——我们的成长环境、我们的生活方式，甚至我们的基因档案。好消息是，我们可以学会如何更有效地调节自己的情绪。根据格罗斯的情绪调节模型，我们有五种焦虑管理策略，以帮助我们管理焦虑和其他消极情绪。格罗斯提出的五种策略分别是**情境选择、情境修正、注意力分配、认知改变和反应调节**。在发展成极端状态或长期状态之前，前四种策略都可以阻断焦虑，而第五种策略是焦虑（或其他消极情绪）发生后的调节技术。

　　人们已普遍接受了格罗斯的这个用来理解情绪调节的模型，并在此基础上不断进行了修订。该领域的另一位神经科学家尼尔斯·科恩（Nils Kohn）补充说，我们需要记住：首先，情绪调节既是自动的（因此是隐性的和前意识的），也是有意识的（因此是显性的，并通过意识觉知来发挥作用）；其次，情绪调节既可以是功能性和适应性的（因此会对我们有益），也可以是适应不良和功能失调的。

　　让我们来看看在现实生活中情绪调节是如何发挥作用的。假设你6个月前被解雇，现在正期待着一场重要的工作面试。你感到压力重重、信心不足并且十分恐惧，因为你害怕被拒绝、害怕失败、害怕自己达不到标准。离面试还有4天，而你已经开始感到紧张了。你甚至在想象自己穿过那幢大楼的大门时，都会手心出汗、心跳加快、呼吸急促。接下来，你开始想象所有可能出错的情况：你可能会忘记带简历，你可能会两只脚穿不同的袜子，你还可能会忘记你一开始为什么要申请这份工作。

要想调节好情绪，你的选择之一是，避免你认为会打扰到你或是会加剧你的焦虑的情境。避免这一情境（不参加面试）也许会在短时间内帮你缓解恐惧和压力；但是从长远来看，如果你想要或需要这份工作的话，这样做明显对你没什么帮助。格罗斯称这种策略为"情境选择"。

你还有一种选择，即修正当前的情境，使预期或焦虑变得更容易接受或更可忍受。例如，如果你正在经历等待面试的焦虑，你可以通过请求电话面试或视频面试来修正这种情境。这种情境的改变会使你对自己的焦虑有一点控制感，在面对与之相形见绌的情绪时，你会变得更有掌控感。格罗斯称这种选择为"情境修正"，而我称之为"从坏焦虑到好焦虑的转变"。你的紧张情绪并没有消失，只是它已全然在你的控制和引导之下了。

你的第三种选择是注意力分配，包括好几种可以将你的注意力从会引发焦虑的情况转移到其他吸引你注意力的东西上的方式。父母经常将这种方法应用在他们出生不久或蹒跚学步的孩子身上。例如，如果孩子怕狗，父母会用做鬼脸的方式来吸引孩子的注意力，一直到令孩子害怕的狗走开。注意力分配是一种故意的干扰。

你还有第四种选择，也许这是格罗斯情绪调节策略中最为复杂的一种，即认知改变。在这种情况下，你会主动并自觉地重新评估或重新构建你的思维模式或态度：你可以对周五早上的面试重新进行构建，将其视作向自己和潜在雇主展示你对这个职位、这家公司或组织有多了解的机会，而非令你心生害怕的事情；这样做还能建立你的自信。而对潜在雇主的所言所述，你要表现出想要聆听的好奇和兴奋。这种重新构建就像心理暗示，能将你对焦虑的感觉从害怕和不知所措转变成兴奋和乐于挑战。

你终于设法让自己通过了那幢大楼的大门，坐在那里准备面试。这时，尽管你已经用了不少策略来减轻焦虑，但是狡猾的焦虑还是有可能会重新抬头。在这种情况下，你要积极地尝试抑制或缓解你的焦虑感。也许你可以做一些呼吸练习（即进行深呼吸，要想让整个神经系统都放松下来，这是最快、最有效的方式），或者喝点水。如果让你紧张的不是面试，而是约会，你可以喝杯啤酒或红酒来缓解紧张感。以上只是诸多应对策略中的一小部分，当感到焦虑的时候，你就可以使用这些策略。

目前，对焦虑和情绪调节之间的相互作用的研究表明，重新评估等介入策略能增强一个人的情绪调节能力，并对焦虑产生积极的影响；这些研究的研究对象是焦虑障碍患者。具体来说，神经影像学研究表明，情绪调节策略减轻了焦虑或恐惧等消极情绪。神经影像学研究还表明，焦虑或恐惧等消极情绪与情绪调节发生在大脑不同的神经区域。这一领域的研究才刚刚起步，还有很多问题有待进一步研究。但好消息是：我们可以更新自己的情绪反应，我们可以学习如何调节情绪，我们可以更好地管理和引导我们的焦虑。

我喜欢把这种应对焦虑的方法视作一种增强我们的抗压能力的方式。在第 4 章中，我们将对焦虑的脑-体系统通路是如何提高我们的整体复原力的——无论是身体的，还是情绪的——进行更深入的探讨，但是现在请记住：我们既需要感受这些感受，又需要更新我们对这些感受的反应，这一切始于意识。一旦你意识到无论何种焦虑迹象都会让你有不适感，就需要停下来想一想你要如何处理这些感受。我们都需要不断练习如何与自己的感受和不适相处，而不是试图立即掩饰、否认或逃避它们，或分散自己的注意力。当遇到不适时，你可以做如下两件事：第一，习惯这种感受，并相信自己可以"挺"过来；第二，给自己的大脑留出时间和空间，从而有意识地做出关于如何行动或反应的决定。只有这样，你才能建立起一种新的、更积极的神经通路。

3

应对现实生活里的焦虑

我们制定了应对策略，以此来管理我们所面对的压力及其所引发的焦虑，并让自己回归正轨——一种让我们感觉舒适和踏实的平衡状态。这就是说，我们会很自然地试着调节我们的情绪，并在自己被击倒时重新振作起来。这些寻求帮助的行为或思维过程渐渐变成了我们记忆中的条件反射；换句话说，它们常常在我们的意识知觉之下潜伏，并自动发挥作用。

但是，其中许多策略在我们年幼、懵懂之际就已形成。例如，如果一个小女孩 7 岁的时候因为怕黑而躲进被子里，那么当她 17 岁再次感到害怕的时候，她也许还会用这种方式来应对恐惧，但那时她可能会觉得这种习惯很丢人，于是会用喝杯啤酒或抽根烟的方式代替之前的方式来麻痹自己的不适感。在面对黑暗的时候，这位年轻的女性并没有更新她的应对方式，而是制定了一种适应不良的应对策略，而这会给更多的负面后果埋下伏笔。

有的人会通过服用助眠药来让自己安睡。有的人会通过使用慰藉物来进行自我安慰——对绝大多数成年人来说，手机已经取代了孩提时期的心爱之物。我发现，当我因为截止日期而压力重重的时候，就会吃得更多。尽管，当这些行为程度轻微时，并不会给我们带来什么伤害，但是假如一个人对某种行为产生了依赖，并且不断地重复它，就会出现问题——对我来说，这个问题就是 10 年前我的体重增加了25 磅。

从本质上来说，应对机制就是我们为了自我安慰或避开不适感而发展出的行为或行动。在管理压力的时候，这些应对机制如果失效了，往往会让事情变得更糟，让我们更加焦虑，并破坏我们以为自己可以掌控生活的信念。一般来说，人们认为应对机制或者是适应良好的（即有助于我们管理压力），或者是适应不良的（即对我们有害，因为它们会造成其他损害——要么是避免一个只会变得更大的问题，要么是给我们带来另一个问题，就像前文中提到的酒精依赖或酒精滥用一样）。

一个 8 岁时因受到威胁而在校园里打架的男孩，成年之后，当他觉得有必要保护自己的时候，可能还是会愤怒地攻击他人，例如当地铁上的人挤得他上上下下的时候，这种情况也许就会发生。一位年轻的女性发现，她可以通过自残来减轻内心的孤独感，也许到了 30 岁的时候她还是会这么做，因为她找不到积极的方式来缓解自己的恐惧和不安，于是开始暴饮暴食。在一段时间之内，这些行为会帮助人们缓解处于消极情绪中的痛苦——那些被压制的愤怒，或是可怕的孤独感，抑或是对黑暗的恐惧。但是，如果这些行为背后的感受一直未被触及或未被处理，这些焦虑的成分就会增长，并且无法得到改善；当我们在管理和调节这些感受的时候，消极的应对行为只会强化我们的无力感。

下面是这种情形的另一个例子。

拉尔夫每天都要花 30 分钟时间上下班。他的工作很辛苦：公司内部的各种钩心斗角消磨着他的斗志，挑动着他最后的神经。那个周五下午 5 点 15 分，他就钻进了车里，特别着急回家，因为他想喝一瓶啤酒、看看电视放松一下。他希望有一场激烈的球赛来分散一下自己的注意力，让他放松下来。

当他把车开上高速公路之后，却碰上了可怕的堵车。大家看起来都火急火燎的，但是车子几乎都没怎么动。拉尔夫开始转换车道。这时一个开着小货车的年轻小伙挡了他的路，拉尔夫的脾气一下子就上来了，他就这么失控了。他怒气冲冲地加速，然后急匆匆地转向那辆小货车——这样那个司机就能看清他挑衅的手势、听清他逼近的喇叭声了。他的怒火一触即发，他根本无法控制。

从我们的角度来看，在拉尔夫砸响喇叭、让小货车司机知晓他的怒意之前，他似乎还有其他选择。但是多年来，他都任由路怒症①横行，他的大脑几乎没给其他反应留下什么空间；甚至还没来得及细想，他的愤怒就喷薄而出了。他的愤怒未经处理过；他那从刺激到反应的神经通路实在是太根深蒂固了。然而，他仍然有可能"抛弃"这种行为。

拉尔夫此时的反应表明，他的情绪已失调，并且他几乎无法控制自己的反应，即便能，也非常有限。他消极情绪的强度一次又一次地被强化，引发了类似路怒症的反应。然而，如果能不断接触积极的情绪管理工具，拉尔夫不仅能学会更有效地管理自己对交通状况的反应，还能学会用更有建设性的方式来应对工作上的突发情况。他也可以从某些上下班的准备工作中得益，例如在钻进车里之前，先进行一番有意识的放松练习。但是，如果他不退后一步，也没有给自己留下空间来思考自己期望做出哪些改变的话，他的压力和焦虑模式就会被继续强化。

对压力的长期适应不良会以各种方式在多个层面影响我们的大脑和身体，包括神经内分泌系统、自主神经系统、心血管系统和免疫系统。

---

① 指汽车或其他机动车的驾驶人员在交通阻塞的情况下因压力或挫折所导致的愤怒行为，包括做出粗鄙的手势、对他人进行言语侮辱、故意用不安全或威胁安全的方式驾驶车辆等。

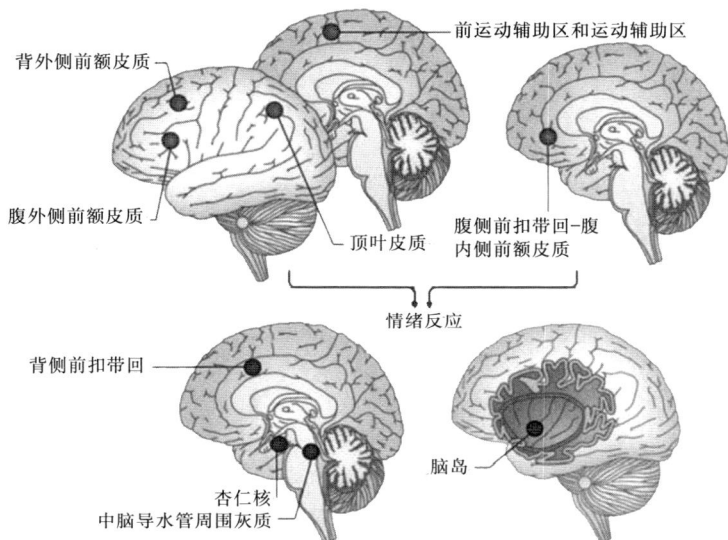

图 3-1 情绪调节所涉及的大脑区域

情绪唤醒（即惊恐发作）在杏仁核和基底神经节进行加工，并传至腹外侧前额皮质、前脑岛、运动辅助区、角形脑回及颞上回。情绪评估始于腹外侧前额皮质，其会向背外侧前额皮质发出信号，表示需要调节情绪。背外侧前额皮质会进行情绪调节，并将这一信号发送给角形脑回、运动辅助区和颞上回，而杏仁核和基底神经节则会协助调节有害的情绪状态。

积极的和消极的应对策略

为了管理我们的消极情绪，我们制定了一些应对策略。它们是帮助我们减轻或改变不适、恐惧、痛苦等情绪的行为和行动。因此，我们的应对策略常常会反映我们与焦虑的关系。如果你的应对策略行之有效，你也许就能让焦虑尽在你的掌控之中。如果你的应对策略破坏了你的健康、工作、安全以及你与所爱之人的关系，也许你就需要重新考虑自己的选择了。

关于自己是如何应对压力和焦虑的，我们要有更清晰的认识，这一点至关重要。一方面，当我们使用了两三种甚至更多种消极的应对策略时，这或许就是一种迹象，预示着我们已经被困在了坏焦虑之中；另一方面，一个人如果能使用积极的应对策略，就显示了其对压力的耐受性以及应对情绪的灵活性。

请看一看下面的清单。你熟悉其中的内容吗？不要进行自我评判，只要对它们多加注意就可以了。

消极的应对策略

▶ 使用或滥用酒精或毒品。

▶ 对他人采取暴力行为（语言、身体、性或是情感上的）。

▶ 故意表现或举止不当。

▶ 避免冲突。

▶ 合理化自己的问题或将自己的问题归咎于别人。

▶ 否认问题的存在。

▶ 压制或忘却已经发生的事情。

▶ 表现得不像自己。

▶ 将自我和情境分离。

▶ 表现出控制行为。

▶ 变成一个工作狂（通过忙碌来回避自己的感受）。

▶ 自残；想过或是尝试过自杀。

▶ 自我孤立，远离活动和他人。

▶ 感觉自己需要控制或操纵别人。

▶ 拒绝沟通。

▶ 经常幻想。

▶ 小题大做。

▶ 过于乐于助人（把别人的事看得比自己的事还重要）。

　　下面，我们再来看看积极的应对策略清单，它们具有适应性，是管理焦虑的有益方式。

积极的应对策略

▶ 说出自己的感受，无论这感受是积极的还是消极的。

▶ 控制愤怒——既不压抑愤怒，也不让愤怒控制自己。

▶ 练习自我反省。

▶ 向亲友寻求帮助。

▶ 交流或谈论自己的感受。

▶ 锻炼（已被证实可以缓解焦虑）。

▶ 保持性活跃（众所周知，性可以减轻焦虑并镇定神经系统）。

▶ 参加业余爱好（例如做串珠）或运动。

▶ 花时间进行户外活动。

▶ 从其他视角思考当下的情况。

▶ 对新的思维方式保持灵活、开放的态度。

▶ 记日记或用别的方式进行有意识的自我反省。

▶ 和家人、伴侣或朋友共度美好时光。

▶ 进行积极的自我对话或肯定自我。

▶ 冥想或祈祷。

▶ 打扫或收拾工作或家庭环境。

▶ 生病时向健康专业人士寻求支持。

▶ 和宠物或孩子玩耍。

当应对焦虑的策略失效时

我们与焦虑的关系以及我们处理焦虑的能力，可能会随着时间的推移而改变。我们的应对策略必须要与时俱进，并且我们一定要抛弃那些适应不良的策略，尽管有时候这会让我们费一些力气。

丽莎是一位坚强而能干的职业女性。这位哈佛商学院毕业的研究生投身金融服务行业多年，并显示出了极大的聪慧和社交能力，她很讨人喜欢，同事们也很尊敬她。10多年来，她一直在快车道上奔驰，转眼间就到了41岁，除了工作之外，她没有任何个人生活。她是个工作狂，到目前为止，她所有的那些追求成功的努力和付出都得到了丰厚的回报——

不仅仅是她的银行账户，还有她的自我价值感。但是最近，当她回到她那位于后湾的漂亮公寓时，常常感到疲惫不堪。她要喝三四杯酒才能让自己放松下来，沉入睡眠。她的闹钟会在早上 5 点叫她起床，这样她才有时间沿着查尔斯河慢跑，并在 7 点前赶到办公室。这是她每天的固定日程，多年以来她一直执行得不错，但是现在情况变了。如今，丽莎才刚刚起床就已经筋疲力尽了。她很孤独，并饱受着自我怀疑的折磨，她开始质疑自己如此努力的动力了。

丽莎习惯了担心；这一直激励着她，使她比同事们更努力，工作时间更长。对于她的勤奋，丽莎收到了很多积极的反馈，她也很看重这些评价。换句话说，她以前可以将自己的焦虑回路的高度激活导向好的事情。

但在过去的几年里，尤其是过了 40 岁生日以后，她意识到，自己无法再从工作中得到乐趣了，也无法再从老板和同事们的好评中得到满足了。工作的时候，她精疲力竭，而工作之外，她几乎瘫成了一团。她在担心什么呢？她很孤独，她在变老，而在工作上她也不再被认为是那颗永远闪耀的明星了。

她开始觉得自己的精力在慢慢流失，不再在她的掌控之下了。她认为，对这种情绪上的不适，唯一能让它有所缓解的方式就是，在一天结束的时候喝杯酒——她在工作上感到压力重重，脑袋都快爆炸了，在这些时候，哪怕看一眼酒杯都能让她觉得自己还能挨过去。每天早上，她还是会去晨跑，但已经不再乐在其中了；这成了一个可怕的习惯。她觉得自己像是在为了生活而跑，为了远离恐惧而跑：对变胖的恐惧、对慢下来的恐惧、对停止奔跑后会发生什么的恐惧。

如果丽莎能够停下来，好好地看一看自己的模式，就会发现一些警示信号：她的精力衰退了，对工作，她感到的是疲惫而非兴奋，她越来越不安。这些脑-体系统方面的变化是焦虑加剧的迹象。丽莎可能还没有在临床上被诊断出焦虑症，但是她的坏焦虑变得越来越强烈，出现得越来越频繁，这严重影响了她，并说明她的应对机制已经控制不住她的焦虑了。

丽莎大脑的扫描结果可能会显示，她的杏仁核和大脑额叶中被称作"背侧前扣带回"的区域处于高度激活状态，而当一个人焦虑时，这个区域往往就处于高度激活状态。丽莎的适应性行为曾经让这些大脑活动处于平衡状态，但现在似乎起不到什么作用了。更糟的是，同样的行为如今已经变得适应不良了：心怀恐惧地去锻炼，寻求来自同事和老板的积极反馈和赞美，在"灰暗时刻"来上几杯酒，这些方式曾经可以减轻她的焦虑，让她放松、重新充满活力，并激发她对成就的野心。但不知道从什么时候开始，一切都变了。我们知道，长期的压力会损耗重要的神经递质，干扰睡眠，并降低肾上腺素——所有这些都是情绪调节（即处于身体和情绪上的平衡状态，也被称为"内稳态"）所需要的东西。并且，从来没有一个原因可以解释为什么曾被妥善管理的、有益的焦虑成了问题。

　　但是丽莎还有选择：她可以一切如旧，继续适应不良的应对方式，也可以开始采取另一种行事方式。然而，在行动之前，她需要相信自己有能力做出改变。她必须掌握自己的决定能力、行动能力，并相信她对自己的处境比她目前所感受到的或想象的更有控制力。

　　丽莎的大脑很可能处于一种消极的适应当中。她的应对机制对她来说不再有益了，也无法再给她所需要的心灵喘息了，对此她毫无感知。这样的时间越长，她的坏焦虑就会越强烈，她的消极应对策略也就越会被强化。但是，一旦她能看清楚自己的真实处境——她的应对策略不再适用了，需要更新——她就能开始从各个方面改变自身的处境，从而过上更有满足感的生活。

　　下面还有一个应对机制失效的例子。

　　我遇见贾里德的那一年，他26岁，从大学毕业已有5年。他一直和父母一起住，也不知道自己想做什么。他的父母很担心他：似乎没有哪种工作是适合他的或是让他觉得有趣的。他去找过猎头公司，也和职业教练一起努力过。他不知道拿自己的人生怎么办，因此很焦虑。任何公司（无论是小型公司、中型公司还是大型公司）里哪怕最初级的职位，他都不肯去尝试。他正考虑去读个研究生，但是他对所有学科都没有兴趣，也不想让自己陷入债务之中——他的父母已经明确告诉他，不会给他付这笔费用了。

他的父母对他很失望，他们为他付了那么多学费，他却连为自己的未来制订计划都做不到，因此他们恼怒万分。他的父母对他们自己也很生气，因为他们觉得自己没办法让贾里德做决定或行动。他们想知道是不是应该直接将他赶出家门，这样他就会有找工作的压力了，什么工作都行。

贾里德真的吓坏了。

随着时间的流逝，他似乎越来越陷入一种麻木的状态，没有动力，也没有信心，更没有精力。他暴饮暴食（体重增加了大约 20 磅），也不再联系朋友（他们都忙于自己的新工作和新的人际关系）。他的焦虑变得非常严重，生活完全停摆了，以至于他根本无法做出一个可以改变他当下处境的决定。

现在，让我来解决这个难题吧：贾里德不仅有严重的焦虑，还长期患有抑郁症。焦虑和抑郁同时出现在一个人身上的情况经常发生，这两者有很多相同的神经生物学特征，例如受其困扰的人都会出现血清素和多巴胺的失调或失衡，都会有功能失调的压力反应。贾里德并不总是抑郁，但是他一直都在焦虑。他焦虑了太久，因此引发了抑郁症。

从神经化学的角度来看，他正经受着医生所说的精神抑郁或持续性抑郁症（PDD）的折磨，这是一种长期或慢性的抑郁症。但是，如果他知道自己其实可以利用他的焦虑，这种情况就可以避免——他长期的、不断增长的紧张情绪本可以用来解决问题，而非逃避问题。如果贾里德能更快地行动，以应对毕业后的焦虑感，并在社交上和身体上保持活跃状态的话，他的焦虑可能就不会蔓延，最终引发抑郁症。焦虑和抑郁的关系十分复杂，并且我们没有办法预测个体是如何表达神经化学上的失衡的。但我们知道，这两种情况——尽管它们看上去似乎是相反的——往往是共存的。

丽莎和贾里德的境遇不仅展示了我们的行为是如何影响我们的情绪状态的与我们的情绪状态是如何影响我们的行为的这两者之间的生动联系，还展示了日常的坏焦虑是如何潜入我们的生活，窃取我们的精力和注意力，从而削弱我们的动力和幸福的。丽莎和贾里德也许没严重到患有焦虑障碍的程度，但是他们的生活已经被坏焦虑扰乱了。像我们所有人一样，他们自然而然地形成了一套管理自己的情绪和焦虑的策略。对贾里德来说，他对他人的回避以及对挑战的逃避减轻了他对未来的恐惧；这一应对机制的问题是，随着时间的推移，这种退缩和回避加剧了他的焦虑，并让他觉得更加孤独和无助。这种应对机制也许在短期内是有效的，但最终将他的焦虑推向了更坏的境地，并引发了抑郁症。贾里德当时正处于人生中的一个可怕的时期：他刚刚结束一段成功而有趣的大学时光，人生中第一次面对现实世界的选择。对此，他全无信心。不幸的是，他所寻求的应对机制只会让他的感受更加糟糕。

丽莎也进入了一个不同的人生阶段，她不再是那张生气勃勃的、"格子间里的新面孔"，于是她不得不调整自己的工作目标以适应职业生涯中新的、更"高级"的阶段。随着焦虑的加重，她对酒精的依赖也越来越严重了，因为这样才能缓解自己的不适感。起初，她根深蒂固的应对机制（锻炼和喝酒）还能够减轻她的焦虑，让她得到休息和放松，并在晚上恢复精力，从而在第二天得以继续运转。但是，随着时间的推移，她越来越依赖酒精，这开始引发次级问题——睡眠中断和宿醉，这些影响了她的思考和决策，损害了她的体力和热情。她的应对机制无法再帮她缓解焦虑了；尤其是酒精，反而让事情变得更糟了，让她的焦虑变得更严重了。

———／\———

我们的大脑会自动形成让我们避开不愉快的感觉（例如焦虑）并掩盖它们的严重性的策略。这种逃避会植入我们的神经通路和线路，帮我们管理压力，让我们继续前行。但是，随着我们内部和外部生活／环境的变化，这些应对机制往往会不再适用或起作用了。对于这种功效上的转变，我们可能会意识到，也可能会意识不到。然而通常来说，过往的习惯非但不会帮助我们，反而会阻碍我们，这一点确有其证：丽莎开始酗酒；贾里德的抑郁和焦虑让他回避所有稍有挑战的事情，并让他在做决定时不知所措。这都是他们的焦虑从好转向坏、从可控变得不可控的信号。

这一切是如何发生的呢？更好地了解这一点，将有助于我们理解当坏焦虑掌控一切时，我们的身体实际上发生了什么。简而言之：

> ▶ 当你的身体处于激活不足／耗竭的状态时，会以不同
> 的方式表现出来。当你的脑-体系统长期处于焦虑的压
> 力之下时，你管理情绪的能力会下降（即对内部或外
> 部刺激的反应效率会降低）。你会对任何形式的压力都
> 变得高度敏感，并开始自我怀疑和失去自信。

> ▶ 当你的身体疲惫不堪时，当你没有足够的恢复时间并
> 且得不到足够的休息时，你的动力（积极的思维模式
> 的主导情绪）就无法被激发出来，你的精力也无法得
> 到恢复，这会进一步侵蚀你情绪调节的能力。

> ▶ 如果你把自己孤立起来，你就推开了让自己从社会关
> 系中得到鼓励和支持的机会，从而也就失去了一个至
> 关重要的坏焦虑缓冲器。

> ▶ 如果你向毒品和酒精投降，寻求解脱，当"兴奋劲"
> 过去之后，它们也许会在无意中加剧你的焦虑。的确，
> 毒品和酒精对神经系统有着镇静剂般的作用。它们还
> 会干扰脑-体系统对多巴胺和血清素的处理，给你一种
> "焦虑减轻了"的错觉。

这些反应意味着脑-体系统的各种神经通路在功能上的下调。虽然这些消极的应对策略缺点多多，但我们仍有一线希望：这一切完全有可能改变，不单单是你目前应对消极情绪

和焦虑的方式，还包括其对脑-体系统的潜在影响。恢复情绪调节需要精力、好奇心，并意识到你是有选择的。对所有人来说，学会识别自己身体衰竭或情绪失调的迹象，并开始做出改变，这完全是有可能的事情。这就是如何利用好焦虑的本质，并且这一切都源于大脑的可塑性。

当我们对这些潜在的通路是如何触发、强化或改变焦虑的唤醒的有所了解之后，我们就能对抗坏焦虑，并做出有意识的决定，这样我们才能掌控自己的道路。当我们学会了引导自己的感受、想法和行为的时候，我们不仅可以把坏焦虑转变为好焦虑，还可以改变我们的能量、态度、思维模式和意图。我们将能够在生活的方方面面——身体、心灵和人际关系——启动、重塑或增强我们的动力。我们所有人都可以通过用积极、赋能的方式对我们的资源进行分配，从而达成目标、完成梦想，创造出我们真正想要的生活。

正如焦虑本身一样，我们所有的经历、行为、感觉、想法、决定和心理结构（即感知和理解）在一定程度上都是基于我们的脑-体系统在生理上（我们的身体如何对各种类型的刺激做出反应）、心理上（认知和思维过程）、情绪上（我们有意识和无意识的感觉和核心情绪状态）和社会上（我们的人际关系和社会环境如何影响我们的生理）的运作方式。

如果你能重新定义你对焦虑的看法，那么你曾经的阻力就会变成有用并有益于你生活的东西。当你完成了这个逆转后，你会打开一扇超凡的福利之门，而这一切都是焦虑本要为你的生活带来的东西。如果运转正常，焦虑会赋予你 6 种超能力，让你能更具批判性地评估某个情况：它会增强你在身体和情绪上的复原力；它会助你完成更高层次的任务和活动；它会让你形成一种积极的思维模式；它会提升你的注意力和效率；它会提高你的社交商；它还会让你变得更有创造力。控制你的焦虑，并将它转变成有益的东西，会开启一扇大门，让你发现焦虑是如何变成一种超能力的。

　　在第二部分的内容中，你会发现焦虑有 6 种通路，你可以用它们来打开刷新你与焦虑之间的关系的大门。这 6 种通路或"神经网络"（功能相关的大脑区域组）包括情绪或态度网络、注意力网络（包括我在前文提到的自上而下的控制网络）、连接网络（与我们的社交大脑通路相关）、奖励或动力网络、创造力网络，以及复原力网络，它们都与我们内在的生存动力息息相关。所有这些大脑网络互相重叠、相互作用，它们共享神经通路，并用一种持续性的、动态的方式给彼此发送信号。

第二部分

焦虑与焦虑的秘密超能力

4

增强你的复原力

对焦虑进行管理，并最终将其转变成一个不同的、更好的目标，这取决于我们的复原力。我们之前讨论过的所有大脑网络都为我们提供了一种通道，可以让焦虑的想法和感觉平静下来，或是可以利用焦虑的能量、唤醒和不适感让自己变得更好、做得更好、感觉更好。这就是复原力的本质。

复原力是我们适应生活中的困境并从中恢复的能力。我们需要复原力，它会帮助我们度过日常生活中的挑战、失望、真实存在的或我们想象的侮辱，或任何可能让我们感到痛苦的情形。它也是我们最为重要的工具之一，我们需要以此来面对失去、悲伤或是创伤，并从中获益。我们要想在创伤性事件中挺过来，就要把每一分力量、情绪和身体资源都披挂于身。

　　换句话说，我们一直都依赖着复原力。我们为生存而奋斗，同样，我们也为复原力而奋斗。的确，我们的大脑可塑性所带来的适应性让我们变得有韧性、有弹性，并能在遭受挫折后恢复过来。作为一位科学家，我将复原力视作我们成功适应及有效应对我们生活中各种压力源的能力。好消息是，尽管这些压力是不可避免的——无论是大的还是小的——但我们可以学着去建构我们的复原力。我们可以通过学习如何灵活思考和接受"我们并不会被失败所定义"这一点来建构我们的复原力。我们可以通过承认我们的需求并知晓自己何时需要寻求帮助来建构我们的复原力。我们还可以通过寻求愉悦和享受——从食物到运动到性——来建构我们的复原力。没错，享乐会帮助我们建立我们的复原力储备！

　　当我们挑战自己并信心倍增的时候，我们的复原力就会被建构起来。当我们知道如何通过放松技巧来降低我们身体的压力反应时，我们的复原力也会被建构起来。当我们饮食得当，睡眠充足，并适时锻炼时，我们身体的复原力就会提高，这反过来也会成为我们心理的复原力的支撑。从本质上来说，因为我们的脑-体系统天生就有适应力，所以我们在大脑、身体和心理上的复原力也可以被构建起来。当我们面对挫折、失败或悲伤的时候，复原力能够让我们主动选择找机会优化我们的压力反应。有时候，这意味着我们需要重新审视适应不良的应对策略（指会加重焦虑并导致其他问题的应对策略）。复原力并不是一个非此即彼的东西。它不仅仅是一个大脑和身体信号相互作用的动态系统，也不仅仅是一种通过在最艰难的时刻拯救我们以保护我们的生存机制，还是一种我们可以积极培养并加强的日常意识、能量和智慧。

焦虑会削弱我们的复原力，这一点不足为奇；长期的过度紧张、愤怒、恐惧和难以止歇的担心会让我们在身体上、情绪上和精神上都疲惫不堪。它会带走我们的力量、勇气和免疫力，耗尽我们在情绪上和身体上的储备。然而，正如我们所看到的那样，当我们注意来自我们内心深处的焦虑保护信号并对其采取行动的话，我们就会有动力照顾自己，寻求安全，与值得信赖的人为伍，并有足够的勇气与伤害我们的人分开。复原力可以是一种有意识的、深思熟虑后的选择。

复原力的真正力量在于，它来自构建了我们整个人生的个人的成功与失败的大杂烩。复原力还来自我们的适应性应对策略，当焦虑来袭时，这些我们知晓和依赖的策略会帮助我们扛过那些艰难的日子和压力重重的境况。事实上，亲爱的读者们，有了复原力，我们又会重新找回日常焦虑给我们带来的最为重要的能力之一：在我们的生活中，建立我们个人化的、可再生的复原力之源的能力。焦虑会帮助我们建立起复原力储备；而当我们需要恢复和自我照顾的时候，焦虑同样会提醒我们。在神经科学领域，我们称之为压力免疫。

压力和复原力的两难处境

压力和复原力如同阴阳一般相辅相成。美国心理学会将复原力定义为"在面对逆境、创伤、悲剧、威胁或重大的压力源时能很好地适应的过程"。根据这一定义，如果在我们的生活中没有挑战、压力或困难，复原力就不复存在。从神经生物学角度来说，复原力是我们管理压力的结果，无论是我们每一日的压力，还是贯穿我们一生的压力。1915 年，沃尔特·布拉德福德·坎农（Walter Bradford Cannon）最先将复原力定义为"对不同刺激的本能的适应性反应"。在其位于哈佛大学的实验室里，他观察了身体在面对诸如饥饿、寒冷、运动和强烈情绪等压力时，其反应会有什么样的变化。这一早期研究让坎农成了第一个发现"人们会对压力做出战斗或逃跑反应"的人。几年之后，他创造了"内稳态"这一术语，以此来描述身体用于保持"动态平衡"的驱动力。

自 20 世纪以来，这一研究不断地发展和深化，如今我们对压力反应系统有了更多的了解。简单来说，我们可以将压力反应视作对应两个阶段的两个主要过程。

压力反应的第一阶段会让你觉得非常熟悉，这和第 1 章的图 1-1 所描述的极为相似（详见第 12 页）。它涉及交感神经系统——战斗或逃跑（自主）神经系统——的激活。你可能会记得，当你的脑-体系统开始发出警报、产生警惕并评估是否存在真实的或潜在的威胁的时候，会触发一连串自动的生理变化，包括能量调动、代谢变化、免疫系统的激活、消化系统和生殖系统的抑制，这是压力反应的第一阶段。

　　压力反应的第二阶段更为缓慢和长久，并且在这一阶段，"压力激素"皮质醇会通过下丘脑—垂体—肾上腺轴进行释放，这一点我们最熟悉不过了。与皮质醇的释放并行的是许多其他强大的激素的释放，我们如今知道，这些激素与一个强大的神经递质网络的释放同时出现，这些神经递质也会帮助我们调节自身对压力的反应。例如神经递质神经肽 Y（NPY），你可能从未听说过这一重要的神经递质，它以能抵消皮质醇产生的焦虑而著称。甘丙肽（galanin），这一神经递质网络中的另一种神经递质，已被证明可以减轻焦虑。在压力和焦虑中，与奖励有关的感觉的相关区域多巴胺的释放会减少；血清素与压力和焦虑有着复杂的关系，当它在大脑的某些区域中释放时，会增强这些反应，而当它在其他区域释放时，则会减轻这些反应。

　　一些科学家把注意力集中在研究适应负荷或超负荷上，以此来了解在管理外部压力源的时候，压力系统如何才能有效发挥作用。无论使用什么样的术语，科学家们在这一点上的认识是一致的，即身体和心理的压力由大脑中一系列复杂而相互作用的回路进行处理。有时候这种负荷／超负荷被管理得很好，就会实现内稳态，而有时候超负荷会占上风。

　　复原力是如何被增强或削弱的呢？对此我们大部分的了解来自对极端情况的研究，如创伤后应激障碍和精神创伤。例如，关于儿童早期创伤的研究往往会注意到一种高度敏感的交感-肾上腺髓质轴（SAM axis）的存在，它也与杏仁核增大和海马变小相关。杏仁核是大脑中负责探测威胁的部分；而海马是大脑的关键区域，对我们形成和保留新的长期记忆这一能力至关重要，并能帮助我们评估威胁。海马变小意味着大脑准确评估威胁的能力减弱了。不仅是那些经历过童年创伤的人在这些解剖结果上存在差异，那些有创伤后应激障碍的人同样如此。这些发现也得到了以猴子为研究对象的广泛研究的支持，一些针对野生猴子的研究表明，在群体等级中处于最底层的雄性猴子，由于只能最后选择食物和配偶，它们身上出现了存在慢性压力的迹象，其中包括海马变小。

关于这些问题的答案，尽管我们还没有全然明了，但在对某些主要的生物学因素、心理学因素和环境因素的理解上，我们已经取得了一些进展。这些因素让一些易受伤害的人陷入了临床抑郁症 / 焦虑症 / 创伤后应激障碍中，也让一些人承受住了巨大的痛苦，并能管理好自己的经验，重新感到幸福。后续的研究还指出，由于基因组成（神经化学）不同，人们在精神生物学上存在着差异，这使得有些人似乎有着更强的复原力。例如，多巴胺（一种调节大脑奖励系统的中枢神经递质）的产生或调节受到干扰的人，会更容易焦虑、抑郁和患上成瘾性疾病。某些表观遗传因素，例如一个人的生活方式如何影响其大脑功能，也会影响一个人对焦虑的感知及其整体的心理和身体复原力。被耗尽或削弱的免疫系统则是脆弱的身体复原力会对心理产生影响的另一个例子。例如，那些患有自身免疫性疾病的人，例如纤维肌痛患者，其患抑郁症的概率更高；他们抵御低落情绪的能力很弱，因为他们的免疫系统整体都处于抑郁状态。

再次说明，我们之前对复原力进行思考和研究的诸多方法都是为了应对创伤和虐待。但是，让我们来思考一下以下问题：为什么某些人在经受挫折之后似乎比另一些人更容易重新振作呢？为什么某些经历过悲剧和创伤的人，尤其是那些在人生早期就经历过这些的人，会遭受更长期的伤害，包括焦虑障碍、重度抑郁症（MDD）和创伤后应激障碍呢？当我们思考上述问题时，我们会发现——科学家们已经开始研究——复原力的特征，这样在遭受悲剧性事件、失去或其他形式的创伤之后，我们不仅可以学会如何更好地应对，还可以学会如何在我们需要它之前就播下复原力的种子。预防医学可以避免疾病和延缓衰老，同样，在我们需要复原力之前就建构它，这不仅是一种安全措施，也是一条可以让我们过上更健康、更平衡的生活的途径。

科学家们还试图将标识着复原力的生物学因素分离出来。例如，有研究表明，高水平的神经肽Y往往和复原力相关；也有研究表明，神经肽Y会产生镇定的效果，并抵消皮质醇产生的焦虑。还有研究表明，有一些士兵虽然经受住了创伤性事件的打击，并没有发展成顽固的创伤后应激障碍，但他们往往有着更高水平的神经肽 Y。为了能做出健康的压力反应，我们需要保持神经肽 Y 和皮质醇的平衡。它们过多或过少，都会破坏内稳态。此外，脑源性神经营养因子（BDNF），一种会被身体的有氧运动所刺激并对海马的生长和功能以及我们的长期记忆至关重要的生长因子，也与复原力有关。

有害的压力、创伤与复原力

众所周知，如果一个人早期经历了逆境，包括虐待，就会产生一系列的心理和社会问题，这些问题会影响这个人的一生。童年经历过虐待的个体有创伤后应激障碍、焦虑症、抑郁症、药物滥用和反社会行为的风险更大。具体而言，神经内分泌研究已经证实，早期的逆境经历会改变下丘脑-垂体-肾上腺轴的功能，致使个体对环境压力源——例如空气污染和食品安全问题——更为敏感。还有研究表明，大脑结构的差异与儿童期的虐待有关。

哈佛大学陈曾熙公共卫生学院儿童发展研究中心的杰克·宋可夫博士对这一领域进行了长期的研究。他定义了我们应对压力的三种可能的方式：积极的、容忍的和有害的。如下文所述，这些词语指的是压力反应系统给身体造成的影响，而非压力事件或经历本身。

▶ **积极的压力反应**是我们内在的生物心理社会技能，它让我们能够处理日常的压力源。事实上，这种积极的压力反应和我们所描述的好焦虑相似——它会让心率短暂加快，并轻微提高激素水平。

▶ **容忍的压力反应**的标志是身体内部警报系统的激活，这种激活由真正可怕或危险的遭遇引发，例如所爱之人的死亡、一段浪漫关系的彻底破裂或者离婚。在这些强烈的压力之下，脑-体系统会通过有意识的自我照顾来抵消这种影响，并求助于支持系统（其他干预措施见下文）。

　　此处的关键是，这个人的复原力因子已经足够稳定，可以恢复。举个例子，假如一个人面临着生命危机，如果他没有强大的复原力因子，他就很难恢复和重新振作。

▶ **有害的压力反应**发生在当一个孩子或成人经历了持续或长期的逆境——贫困、身体上或情感上的虐待、长期的忽视，以及身处暴力当中——并在当时没有得到足够的支持时。这种压力反应系统的长时间激活不仅会损害孩子的大脑结构和其他器官系统的发展，而且会一直持续到成年，剥夺人们管理压力的能力。

当一个高度的压力反应持续发生，或被多个来源触发时，会给个体的身体和心理健康造成累积性影响，这种影响将持续一生。儿童时期的不良经历越多，发育迟缓和后续出现健康问题的可能性就越大，这些问题包括心脏病、糖尿病、药物滥用和抑郁症。有害的压力与焦虑障碍、攻击性行为、认知灵活性的缺乏及低智商存在相关性。有一些研究人员发现，长时间感知压力与海马变小相关，这会使我们更容易产生焦虑，也更容易出现与年龄相关的认知下降和某些健康问题，例如糖尿病、抑郁症、库欣病[①]和创伤后应激障碍。正如上文所述，我们会形成和留存关于事实和事件的新鲜记忆，在这一能力上，海马这一大脑结构发挥着关键作用，而在人的老化以及包括阿尔茨海默病在内的老年性痴呆等问题上，它也是最为脆弱的大脑结构之一。长期的压力不仅会影响你形成和储存长期新鲜记忆的能力，还会对海马细胞造成损伤，让其萎缩，从而更容易出现与年龄相关的认知下降。在这些情况下，没有所谓的好的慢性压力。

压力免疫和制定积极的应对策略

你也许记得，在第 3 章中我们说过，管理压力的第一道防线是使用应对策略。这些策略给我们提供了诸多方式，让我们得以衡量自己管理压力的能力；无论这些策略是适应性

[①] 一种耗竭性疾病，极少自行缓解，若不及时诊治，病死率高。

的（即有用的），或是适应不良的（即有害的），它们都在很大程度上反映了我们的复原能力。一些神经生物学家通过其他方式提到了我们的应对策略，例如，他们对比了积极的和消极的应对反应。积极的应对反应指"对某事物有意识的努力，旨在减少压力源在身体、心理和社会等方面造成的伤害"，并暗含获得对压力源的"控制"的尝试。消极的应对反应指的是逃避或"习得性无助"，当一个人逃避有压力的情况时，他同时也失去了建立应对压力源的复原力的机会，这时他就会做出消极的应对。在这种情况下，个体会变得更加脆弱，或更容易受到压力的影响，因此其复原力就更弱。

对儿童早期压力的研究显示，过早暴露于无法控制的压力环境（即战争或童年虐待），会导致儿童产生科学家们所说的习得性无助。当孩子意识到无论自己做什么都不会让他们所处的压力环境有所改善时，他们往往会出现某些健康问题，包括创伤后应激障碍和抑郁症。在以啮齿动物为研究对象的广泛研究中，习得性无助的长期负面影响已经得到了证实。有趣的是，科学家们发现，如果你将老鼠暴露于相同程度的压力环境中，并给它们机会去消除、避免、逃开或控制压力源（例如，使用积极的应对策略），这些老鼠不仅不会出现创伤后应激障碍的症状，反而会在随后的压力环境中产生比平均水平更高的复原力。科学家们称这种反应为"压力免疫"（stress inoculation），研究证实，不仅啮齿动物和猴子身上会出现这种情况，人类身上同样如此。

压力免疫的科学告诉我们，我们天生就具备让我们得以摆脱压力／会引发焦虑的情况的工具。我们要明白，所有会引发焦虑的情况都会影响你的压力反应，但是训练这些反应的行为可以帮你对以后的压力／焦虑免疫。就好像你在告诉自己：你可以在这些情况下挺过来，并且你在开始时越能感受到焦虑并采取行动以减轻压力反应，你之后对其的管理就会越好。在某种意义上，这给了你一个机会，让你得以在每一次遇到会引发焦虑的情况时，都能重新训练你的压力反应，只要你知道你的选择和工具可以将坏的焦虑反应变成好的焦虑反应。

我们可以利用现在的焦虑来帮我们对未来的焦虑免疫，当我意识到此举之力时，我想要为情绪制造一个追踪器。如果有这么一个设备，它不计算你的步数，而是根据你在避免或减轻压力方面的实际能力来给你的压力免疫水平打分，那不是很棒吗？我想，这个分数会是一个极好的激励工具，会像一次大大的击掌，让所有人都能对抗坏焦虑，并在我们开始习得性无助时更容易对压力免疫。尽管我们还没有这种"压力追踪器"，但是我们可以记录下自己在焦虑干预上成功的次数，做自己的焦虑教练，并在自己的压力免疫水平有所提高的时候为自己鼓掌！

构建复原力

有多项研究表明，我们可以积极地构建我们的复原力，有时我们甚至能逆转创伤对我们压力系统的有害影响。科学家们也在继续探索长期压力的负面影响；他们也想看看，当人们能够避免或抵御压力的有害影响时会发生什么——从本质上来说，人们需要什么才能在保护大脑和整体健康方面变得更有复原力。

的确，在一篇关于复原力的神经科学研究综述中，吴刚及其同事发现了具备强大的复原力的人的许多特征。尤为令人兴奋的是，这些特征大部分都与焦虑的超能力相符。

▶ 研究已经证实，乐观的心态会减少负面情绪和焦虑，并能让人从创伤性事件中更快恢复。尽管乐观的心态不会凭空产生，但是我们知道，时间会让我们培养出乐观的心态。有研究表明，整体幸福感、健康的身体以及强大的社交网络与乐观的心态密切相关。这种乐观、灵活的思维方式是积极的思维模式这一超能力的基础（详见第 6 章）。

▶ 认知灵活性和重新评估是情绪调节的两个基本方面，它们同样是可以练习和习得的，并最终作为心理复原力的一种形式为我们所用。我们将在讨论注意力网络是如何被焦虑所劫持的（详见第 7 章）时看到，认知灵活性能够让我们集中注意力，重新聚焦，并防止我们将失败内化为自己的标签。这种认知灵活性有助于转移我们的焦虑，并成为心理复原力的一种形式。

▶ 社会支持让我们寻求充满爱和关心的关系，以帮助我们缓冲压力的影响，它无疑是焦虑的一种超能力。人际关系、同理心、同情心，它们都会对焦虑起到缓冲的作用；这种缓冲也是复原力的一种形式。

▶ 研究证明，幽默是一种积极的缓解压力所致的焦虑和紧张的方式，并可以帮人们建立身体和心理上的复原力。

▶ 体育锻炼不仅可以改善我们整体的健康和脑-体系统功能，还是心理复原力之源，能够帮我们管理身体上和心理上的压力。

▶ 研究证明，利他主义或科学家们所说的亲社会行为（prosocial behavior）可以促使人们从创伤中恢复。我将这种复原力加强剂视作同情心这一超能力的延伸，它会帮助我们和他人建立更牢固的联结，消除焦虑，还会让我们具备更强大的情绪复原力。

▶ 正念是一种有意识的练习，包括冥想和瑜伽以及其他正念活动。研究证明，正念可以减少消极或回避型的压力应对方式，例如酒精依赖。正念练习就像是一种对焦虑症和抑郁症的预防性药物，它会以预防的方式来构建心理复原力。

压力不仅是我们生活中不可避免的事实，也是我们注定要去应对的事物；事实上，无论是作为个体，还是作为一个物种，都是压力在迫使我们适应、学习和进步。这句话虽是老生常谈，但也确是真理：所有最为重要的人生课程都来自我们所面临的挑战以及我们应对它们的方式。关键在于，复原力不仅仅来自我们从生活的成功中所获得的自信和自我信念，也许更重要的是，来自那些我们从不可避免的失败和挑战中挺过来、做出调整并继续前行的努力。要想构建我们的复原力超能力，我们需要同时关注上述两个方面。

无论我们的复原力如何，总会有考验我们的经历存在。在我的人生中，同样存在这样的时刻，考验着我和我的复原力。

我的故事

直到今天，那一刻发生的事仍历历在目。那是 5 月的一个凉爽多云的星期一，我在纽约的公寓里，那天一大早我就醒了，心情很愉快，因为我刚结束了一次在明尼苏达州的 7 天之旅，做了 3 场演讲，周末还高高兴兴地在当地一个最盛大的陶瓷艺术节上买了东西。那时，我正在进行日常早茶冥想，让自己能够集中注意力。我早就计划好了：稍后我要开始专心写这本书第 1 章的初稿了。

　　那是春季学期的最后几天，我忙碌至极。我不仅要给优等生上高级神经科学实验课、为主持年终的晋升和终身教职会议做准备，还要写论文、指导研究，最为紧迫的是，我还被我们院长邀请在纽约大学艺术与科学学院当年的学士学位毕业典礼上发表最后的教员演讲——这个典礼几天后就要在纽约无线电音乐城举办了。对我来说，迫使自己扛过一个个截止日期的情况并不陌生，我也很擅长——坚持不懈，努力工作，勤勤恳恳地在截止日期前完成任务，并利用这些压力来推动我前进。再修改几次，我就要完成我的演讲稿了，演讲之后，这一学期就正式结束了，我的日程表会突然像一本多彩的纽约城市立体书一样展开，这让我可以深度投身这本书的创作过程和为其进行的基本神经科学研究中。

　　但是突然之间，意料之外的事情发生了。

　　那天早上6点半，我的手机响了。电话那端是我弟弟在上海的生意伙伴，他告诉我，我唯一的手足——我的弟弟大卫因为心脏病突发已经过世了。马上就是他的51岁生日了，这时候他却突然走了，永远也回不来了。

　　大卫是一名商人，也是投资者和企业家。过去几年他一直在上海生活，并在那里开了自己的公司。其间，他会回美国西海岸①与家人共度美好时光。我最近一次看到弟弟是在3个月前，那时我们的父亲去世了，我们都飞回了加利福尼亚

_____

① 通常指加利福尼亚州、俄勒冈州和华盛顿州，广义上还包括阿拉斯加州、夏威夷州。

州陪伴我们的母亲。在人生的最后几年里，我父亲遭受着痴呆症的折磨，他的过世（也是因为心脏病突发）虽然令我们痛苦万分，但并非完全出乎意料。我想象过如果我们失去父亲会是什么样子，也为此做好了心理准备。但是，大卫呢？他的去世完完全全是个意外。

在听到这个噩耗后的最初几个小时里，我都感到非常不真实。我觉得恍恍惚惚。我的世界突然支离破碎，虽然一切看起来似乎还如同昨日，但我知道一切都已经发生了深刻的变化。你怎么能失去一位你以为会陪伴你一生的人呢？在过去的几年里，我的弟弟和我配合无间，我们俩一起照顾我们的父母。他负责财务，我负责医疗，在照顾我们最爱的人这项最重要的工作上，我们并肩努力，对此我们都非常满足。

在某种程度上，我知道我当时处于震惊当中。即便是现在我写这部分内容时，我依然会有当时那种心跳加速、手心出汗、混混沌沌的感受。我想到了我的母亲、弟妹和侄女，她们似乎是我现在唯一的动力。那时，我母亲是唯一不知道这件事的人。她唯一的儿子过世了，我要怎么告诉她呢？

我本能地明白，我不能通过电话告诉她这个消息——她还没从失去我父亲的悲痛里缓过来，对她来说，父亲的过世依旧残忍而令人伤痛。于是，我买了一张到加利福尼亚州的机票，我决定当面告诉她这个消息。那是我一生中最糟糕的一次飞行。

最终，我很感激自己当时那么做了，当时我和母亲都是彼此在这个世界上最需要的人。跟母亲聊完之后，我在家里的餐桌边蹲了下来，给住在西海岸的弟妹打电话，细细地问了她一连串问题。我问她需要我们的陪伴吗？她说谢了，但是她们还好。我问她们还需要什么吗？她说一切都还好。我们久久没有挂断电话，互相安慰着，彼此慰藉着——我们都会好起来的。

在事情发生后的第一周，我陪母亲接受了所有的哀悼，这些来自亲友的哀悼洪洪而来——他们或是打电话过来，或是到家里拜访。他们给我们带来了非常多的食物，我们都不知道该怎么处理它们才好。这些电话和来访通通在我们的预料之外。有些电话最后以另一端的啜泣结束，因为当他们试图安慰我们时，也控制不住自己的悲伤。有些人发来了爱意满满的电子邮件。有些人到了现场来追忆我的弟弟——那个小时候跑来跑去、不断惹麻烦的大卫。有些人想了各种办法分散我们的注意力。在那一周里，我最喜欢的客人是我的一位表亲，他一坐下来就开始给我们看一大堆他在最近的两次旅行中拍的照片。你知道吗？那是在那一周里最让我和母亲高兴的事情了。这位表亲一次也没提过我的弟弟——他也不需要提。这场遭遇完全出乎我们的意料，让我们的生活发生了翻天覆地的变化，我们对彼此的感受心照不宣。在那些照片里，有德国啤酒花园里很大一杯的啤酒，还有东京餐厅里美味的小盘食物，我们都尽力将注意力集中在照片上，想暂时忘却眼下的悲伤。

陪了母亲 7 天之后，我回到纽约的家中，我的生活似乎戛然而止了。我高度焦虑的状态变成了严重的抑郁症。弟弟的事我只告知了为数不多的几个人，也没有在社交媒体上写什么东西——这样的公开声明意味着它真的发生了。我觉得自己就像是刚洗完澡就遭受了一场巨大的悲伤海啸一样，赤身裸体，毫无防备，不堪一击，脆弱至极。

当然，我知道，我并不是第一个面对意外死亡的人，这件事的发生是如此惊天动地和具有毁灭性，令我非常震惊。我发现自己正在经历平静和悲伤的不断循环，一碰到任何让我想起弟弟的事情，我就会悲痛万分，这种悲伤似乎永远没有尽头。

这可不是一个美好的夏天。

我突然意识到，我还需要完成一件我人生中最为艰难的事情：给弟弟写悼词，并在追悼会上致悼词。这件事对我来说更为痛苦。我父亲 3 个月前刚刚过世，我清楚地记得在弟弟和我筹备父亲的追悼会时，我跟弟弟说自己是没有办法在追悼会上致词的——我太过悲痛了。那一天，弟弟接过了这件事，他为父亲献上了完美的悼词。这份悼词是发自肺腑的，其中有一个小故事是我之前从来没有听过的。这个故事通过父亲在生活中对我们的支持、善意和爱体现了他不朽的乐观精神。

而这次的情况不同了。我只能靠自己，我再也没有后援了。这场追悼会声势浩大。我弟弟的朋友很多，最早的可以回溯到小学时期。我们称这场追悼会是大卫的"人生礼赞",尽管很多亲友希望出席,但是最后我们不得不将名单限制在 200 人以内。我希望说点什么,这些话能真正体现弟弟的面貌——他有趣的一面、他在家里的样子、他那惊人的朋友圈——以及所有人对这场意外的震惊。我真的不知道自己能不能写出这样的悼词——我以前从没做过这样的事情。即使写出来了,我也不知道自己能不能做到不在大家面前哭出声来,顺顺利利把它念完。我现在所说的正是一个会引发恐惧及焦虑的情况。

在那段时间里,对我帮助最大的事情是我的日常早茶冥想。在追悼会前的那一个月里,我每天早上都会坐着冥想一段时间,我并没有试着去写悼词。事实上,我努力让自己尽量不去想写悼词这件事。但是,在冥想的时候,我的心豁然开朗,我想说的一切都呼之欲出。当然,我一直都明白我想要说什么。我只需要祛除我心中的恐惧、焦虑和悲伤,这些情绪给我的思绪蒙上了阴影。我还有这么一种想法——几乎是一种预感——我需要弄清楚如何做到不仅能摆脱痛苦,还能让这些痛苦变得更有意义。在那一刻,我感觉我正试着将这些情绪从障碍变成我的利器。去年我去上海看弟弟的记忆浮现在我的脑海里,当时我在他那里待了一周,我多么希望自己能早点过去看他啊,我多么希望自己能多去看他几次啊。即便我们生活在一起的时间并不多,我也深知我有多么爱他,不过我从没对他说过这一点。冥想之后,我思如泉涌，坐在餐厅的电脑前写完了悼词，这比我想象的要容易些，一切都从指尖自然而然地倾泻而出。

在弟弟 51 岁生日的时候，我终于给了他一场充满了爱和关心的、诚挚的送别，这是我早就想给他的。我觉得那天他也来了，就和我们坐在一起。在我的职业生涯中，我曾演讲过成百上千次。而这是我最有意义的一场演讲，也是我永远不会忘记的一场演讲。我接连失去了我的父亲和弟弟，我还远未从这可怕的双重打击中恢复过来，而致悼词是我走向恢复的第一步，也是重要的一步。直到今天，我仍没有完全恢复。我也意识到了，正是这些可怕的悲痛和焦虑，促使我想出了这些话，这些话反映了我以及整个家庭对他的爱。在某种程度上，正是因为这种深切的悲伤，我才能将我弟弟有趣、伟大和真正独特的一面全然展现出来。

有时候，我都无法相信自己真的完成了这件事，就当时的状态而言，这几乎是不可能的。迄今为止，这也许是我人生中最有力的关于复原力的例子。如果真的有那么一段时间，需要我振作起来，迈过自己情绪的坎儿，全力表现，一定就是那时。

当我回顾那段时光的时候，我才意识到，那是真正属于我个人的超能力时刻。在那一刻，我深切的悲痛、焦虑和悲伤终于被取而代之，我的复原力战胜了它们。这种复原力是从何而来的呢？它一部分来自我的冥想练习。我一直在练习冥想，好让自己能够活在当下。那些早茶冥想让我的悲伤得到了一些缓解，对我很有帮助。还有一件事帮了我，那就是我开始感到惊奇。在刚刚失去弟弟的那几天里，我对自己还活着这件事感到由衷敬畏。我还活着，还能享受这个世界，还能因这个世界上的人和事而快乐，而我的弟弟却不能了，这是多么幸运啊，对此我感触颇深。那段时间最痛苦的事情莫过于我可怕的内疚感——我觉得自己跟他一起或为他做的事情远远不够。我不是一个好姐姐；我和他联系得不多；我没能欣赏到他所有的优秀品质。而现在，一切都已经太晚了（这一点，我直到现在还耿耿于怀）。但是，也许我可以在悼词中表达这些想法和感受——我要向全世界倾诉，这样我才能确定我从失去我唯一的手足这件事情中吸取了教训。我也感到了一种新的动力，我要积极地去寻找更好的方式，以感恩我所拥有的一切，尤其是在我的世界中存在的那些人。

　　我知道，我并不是唯一一个经历失去、悲伤和心痛的人。当面临这种噬骨蚀心的情况时，我们每一天都要对自我的能力进行深入的挖掘。我们人类是一个复原力很强的物种，而很多人都不明白这一点。我也是在这件事情过后才明白的这一点。现在我还明白了，我不是只能靠悼词才能从失去弟弟的悲伤中恢复；我还有一辈子的时间，可以慢慢地面对这件事。

———√———

　　在弟弟过世后的几周和几个月里，我惊讶地发现，自己的生活还在继续。我开始研究悲伤，发现它不仅表现为明显的抑郁，还表现为明显的焦虑——而且是坏焦虑，从本书一开始我就在讨论的那种焦虑。我也开始明白，我的复原力网络正在发挥作用。尽管我仍然在为这些失去而悲伤，但是当夏天渐渐过去之后，我终于可以开始唤出一点点希望和乐观了。我开始能在早上起床后准备处理我一天的待办事项了。我开始突然想要（也需要）见我的密友了。我开始想回到我的研究和其他之前被我抛在脑后的事情中了。我还想重新开始继续这本书的写作。事实上，对工作进度落后的焦虑，对这本书写作进展的担心，甚至是对自己身体的倦怠感的懊恼——所有这些不适都开始激励我。这是不是一场硬仗呢？当然是了。一切并不容易。但是我也知道，正是我的焦虑指引着我投身生命中有意义的事情。我能够重新振作，继续前进，这正是人类复原力的复杂和神秘之处。

　　我对那段时间里的一次晨间锻炼记忆犹新。那天，我的健身教练菲尼克斯告诉我，只有真正让自己投入高强度的、大汗淋漓的锻炼中，我们的身心才能获益。她还跟我分享了这句名言：“伟大的智慧来自巨大的痛苦。”

　　这句话一下子击中了我。就像一张黑白照片突然迸发出饱满而绚烂的色彩一样，我突然意识到，在经历了可怕的痛苦之后，深刻的智慧会随之而来。我意识到，自从这些悲剧发生后，我在身体上和情绪上都经历了痛苦，这些痛苦会像我在人生中所体验的种种焦虑一样：痛苦就像一个巨大的推动力，让我得以"继续前进"，让我能够"采取行动"，并告诉我"你能做到"。事实上，我将神经科学研究中关于焦虑的描述付诸了实践：焦虑可以激励你去改变和适应。还有一点也得到了证实，即我其实有能力从某个创伤性事件中爬起来，继续前进，而这一事件对我也至关重要。

我的复原力究竟如何？这件事给我上了一堂速成课，让我最终得以写完悼词；而我之后能够全身心投入恢复过程也证明了这堂课的意义。我对我的家人、朋友、支持者，以及我生命中所享有的所有美妙的机会的爱意和感激都到达了前所未有的高度，这也许是我的复原力最显著的成果。黑白照片变得炫彩斑斓——所有我在人生中所珍视的一切，我对它们的认识、欣赏和感激，都发生了极大的转变，这转变如同一支巨大的荧光笔，让我知道，我能拥有它是多么好，并且在我的人生中，这样的转变我还会遇到许多次。

我从失去父亲和弟弟的打击中挺了过来，而我的复原力不仅仅来源于此，还来自我对生活中所有焦虑的适应和从中学习到的东西。这就是理解焦虑和复原力本质的力量。也就是说，我们不需要对抗生活中的痛苦、悲伤和焦虑。相反，我们可以利用这些强大的、消极的感受，将它们变得更完整、更有智慧、更有力，并用这种我们新发现的智慧做一些无人做过的、有创造性的事情。没错，我不仅改变了我与焦虑的关系；我还发现了一种内在的储备，这是一种力量，它会推动我人生的方方面面。我开始做得更多，感受更多，创造更多，并付出更多的爱。我表现得更好，感觉也更好了。我有了一种更好的人生。

那么，到底什么是复原力呢？

它是未达成目标时，你所表现的韧性。

它是你失望后继续前行的勇气。

它是一种信念，让你相信你可以并且一定会做得更好，只要你付出努力或勤于练习。

它是一种信心，让你相信自己很重要。

它是一种开放态度，让你不断地学习再学习。

它是一种毅力，让你坚持不懈。

———〜———

我一直都知道，复原力将是本书的立足点的一个重要组成部分，但是当我潜心写作时，我接连经历了父亲和弟弟的去世，这些可怕的失去极大地改变了这本书以及复原力在其中所扮演的角色。在这些事情发生之前，一个人能够利用焦虑的"警示信号"使自己得益仅仅还是我的一个想法。在这些事情发生之后，将每天的焦虑从坏变好已经从一个令我兴奋的想法变成了我的一项任务。我意识到，自己已经用这种方式度过了人生中最艰难的时期；这不仅仅是一种很有价值的想法，而且是每个人都可以用来改善他们日常生活的深刻的人生经验——从担心自己花了多长时间回复老板的邮件到个人的悲剧。

　　对于所有你感受到的焦虑，我最大的希望就是，你能用本书中提到的工具来构建自己的复原力超能力，以承受任何形式的、或大或小的压力和焦虑，这样你就能从压力中恢复过来，并从中吸取所有的教训和智慧，然后在继续前行的路上变得更强大、更有智慧、更有力量，就像我之前做到的那样。

5

提升你的表现，打开心流之门

你可能听说过，无论什么事情，只需要大概 1 万个小时的练习，一个人就能成为做这件事的专家——无论是乐器、运动、象棋、烹饪或是外语。安德斯·艾利克森（Anders Ericsson）在这个主题上的研究早已被一书再书，而马尔科姆·格拉德威尔（Malcolm Gladwell）在其畅销书《异类》（*Outliers*）中提及这一研究之后，它就变得更有名气了。然而，最近有一群研究人员重新审视了一万小时定律背后的研究，其结果十分戏剧化，他们表示，一万小时定律完全是胡说八道。具体来说，一万小时的说法并没什么特别之处，尽管练习对提高表现的确非常重要，这一点显而易见，但是其他因素可能对提高表现有着更重要的作用。

　　到底哪些因素才能让我们达到专家级别的表现水平呢？天赋异禀？智力超群？天生好命？坚持不懈？孜孜不倦？没错，这些通通都是……但还有很多其他因素。年龄、经验和环境都在其中扮演着重要的角色。换句话说，没有一个特定的因素可以预测和保证我们在某件事上能够达到精通或发挥出最佳水平。

　　在情感神经科学研究领域，美籍匈牙利裔心理学家米哈里·契克森米哈赖（Mihaly Csikszentmihalyi）是其中的领军人物——他首先对顶尖运动员进行了研究，之后又把研究扩展到其他领域，以了解最佳表现是如何在这些领域中出现的，这些领域包括科学领域、艺术领域和音乐领域。心流是一种谱系体验，而非一种全有或全无的体验。心流将准备、积极的自我对话和流动性结合得恰到好处。它是如何被激活的，这在很大程度上与我们如何释放焦虑、焦虑的唤醒及其带来的挑战相关。而这项研究同样与焦虑密切相关；具体而言，促成心流的因素和特点与我们如何引导焦虑的唤醒是一致的。心流能够使我们的身体平静下来，培养积极的思维模式，并将我们的注意力全部调动起来。心流的一个新特性和动机相关。心流要求我们深度参与并享受一项活动，这是由大脑的奖励网络激活的。我们将发现，焦虑会触发或抑制这种奖励回路，从而提高或妨碍我们的表现。焦虑（好的和坏的）是如何与奖励网络及动机网络在神经科学层面相互作用的，我们又如何才能利用好焦虑以提高我们的表现呢，理解

前一个问题有助于我们理解后一个问题，从而让我们有更多
的机会去体验心流。

　　我们可以将有关最佳表现的神经科学知识应用于任何我
们想要学习或重新学习的事情上，还可以将其应用到我们所
好奇的任何新技能或新任务上。然而，此处的关键词是"想
要"。要想用焦虑来提升表现，就需要我们带着热忱和兴趣
去完成任务——无所畏惧，全无保留。为了利用好我们的焦
虑，我们必须要先和焦虑做朋友。让我们一起来看一看这一
切是如何发生的吧。

表现焦虑

　　焦虑会让一个人的表现水平每况愈下，我想这一点我们
每个人都同意。所以，无论你在某项技能上练习了多少个小
时、多少个月、多少年——无论这项技能是当众演讲、弹钢
琴、打网球还是打篮球——焦虑都不仅会破坏我们的表现，
而且会让我们达到最佳表现或体验心流的机会消失得一干二
净。但是通过对这项研究的深入了解，我意识到，我们能学
会如何培养积极的思维模式，同样，我们也能将错误或失败
视作一种反馈，并利用焦虑的唤醒来提高我们的注意力，从
而学会如何提升我们的表现，也许这还会让我们更接近心流
体验。

在我自己的人生中，也有过这样的经历，即在压力之下，我的坏焦虑成了我优秀表现的拦路虎。我也经历过一些其他情况，即我学会了如何让自己从好焦虑中汲取能量来提升我的表现。理解这两种经历是如何发生的，这一点非常重要。我宁愿自己永远都不要记得前一种经历的例子。那是我在纽约大学任教之后不久，当时一位备受尊敬的资深神经科学家来我们系演讲，我负责接待她。这是一位才华横溢的女性，而且举世闻名，我听说她对愚笨之人向来没什么耐心。我不仅仅是她在我们学校的官方"接待人"，在她整个访问期间，我还要负责组织她与学校的老师们及学生们的会面。我需要在演讲中向大家介绍这位科学家，这是我那天最为重要的职责之一。我尽职尽责地了解了她的职业生涯，还列了一张表，里面有她获得的所有著名奖项。我非常想在那天对她做一个出色的介绍，而当我登上讲台准备开始对她进行两分钟的介绍时，我感到非常紧张。也许是因为这位特殊的科学家一直都让我有点（好吧，可能比我说的程度更深一点）发怵。也许是因为这是我第一次向系里介绍这样一位杰出的演讲者，而我只是一名年轻的老师。也许是因为我觉得自己要对这位科学家在访问期间的方方面面负责而给自己施加了很大的压力，并希望我的介绍能够条理清晰、信息丰富、见解深刻并令人难忘。再次重申，我要做的只是一个两三分钟的介绍而已。但是因为我对自己有非常高的期望，所以在登上讲台的时候，我感受到的那种紧张的能量迅速变成了一种典型的坏焦虑。

　　我记得很清楚，当我开始心怀恐惧地说话和思考的时候，我听到自己的声音都打颤了，还结结巴巴的，我看上去就像是第一次在课堂上演讲的大学新生，而不是一位在介绍同行的老师。最糟糕的是，不仅我的声音在打颤，而且我根本没办法读完带着的小纸条。最后，我只好跳过那一长串溢美之词，匆匆结束了对她的介绍。

　　直到今天，每每回忆起这段拙劣的介绍，我还是会心有余悸。焦虑极大地干扰了我，不仅打乱了我的身体节奏，还扰乱了我的大脑——我的记忆力停摆了，我的嘴巴好像也不能正常工作了，似乎连简单读读准备好的小纸条也做不到了，哪怕它就摆在我眼前。

　　我们一次又一次地看到，焦虑背后的激活有两种不同的方式：将我们拉至谷底，或是让我们跳至顶峰——在那里，种种奇妙之事都可能发生。在学习如何利用焦虑提升表现方面，焦虑这把双刃剑扮演了重要的角色。当然，我们都很容易受到表现焦虑的影响：紧张的感受、汗津津的手心、狂跳的心脏。这一切都会在重要时刻向你袭来，例如在考试之前、面试之际、登台演讲之时、体育赛事或比赛开始之前。在一定程度上，焦虑是一种良好的唤醒：它会引起你的注意并激励你。对我们来说，这种紧张其实十分有用：它会提醒你，你正在做一件对你而言很重要的事情——你要做的事情对你来说意义重大。但是，当你太过紧张时，当疑虑开始增多、恐惧慢慢渗入心中时，你会有一种四肢无力的感觉；这样你就无法再对焦虑的唤醒加以利用了。

最佳表现背后的神经科学：心流

那么，到底什么是心流呢？

契克森米哈赖及其包括珍妮·纳卡穆拉（Jeanne Nakamura）在内的同事称一种高度投入或沉浸于某项活动（并且你在这项活动中的表现水平很高）的状态为"心流"。心流被定义为一种深度参与的状态，在这种状态下，高水平的技能／表现会伴随着一种看似轻松、几乎毫不费力的心理状态出现在你身上，并且你会感受到一种强烈的享受感和沉浸感。契克森米哈赖和其同事还提到，心流状态并非每天都会发生。相反，心流状态是相当罕见的，它只会发生在当认知、身体和情绪特征都神奇地恰到好处地结合在一起之时。

关于唤醒和表现之间的关系的研究已经进行了很长一段时间。早在 1908 年，哈佛大学的研究人员就提出了耶克斯-多德森定律（Yerkes-Dodson Law），这些研究人员致力了解是什么激发了目标导向行为，例如为了在考试中取得好成绩而学习。他们想知道压力在动机中是否发挥了积极的作用。他们发现，关于唤醒和其引发的焦虑，存在一个最佳水平（图 5-1 中曲线的顶点），它可以最大限度地提高表现。但是如果唤醒水平超过一定程度，即达到我们所说的"坏焦虑"，就会导致表现水平直线下降。

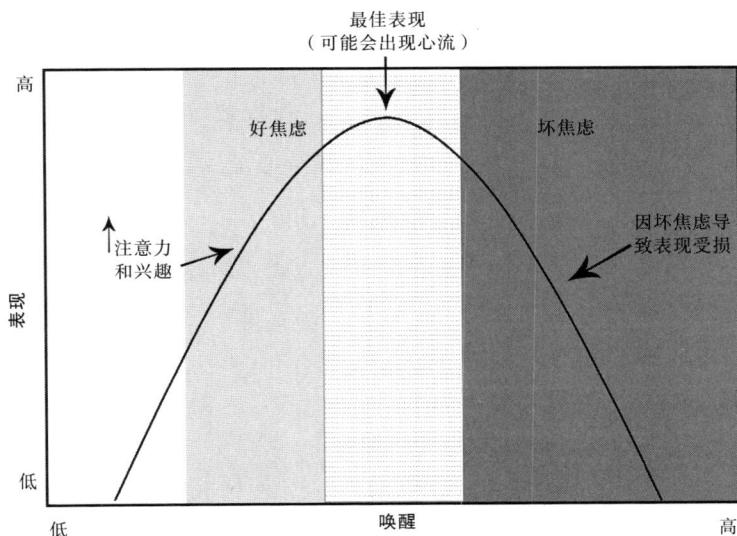

图 5-1　唤醒与表现之间的关系

这一定义心流的图表也反映了我们与焦虑的关系——当我们学会调节唤醒的时候，焦虑于我们就是有益的，但这两者之间存在着一种紧张关系，这一点我们需要牢记于心。

让我们花一点时间来看看这张图的左边。曲线的顶点意味着享受和愉悦。唤醒说明我们需要一些压力来激发警觉状态；这是焦虑积极的一面。所有这些维度都会互相作用，这为我们进入心流状态做好了准备，在这种状态中，我们的表现会达到巅峰。请注意，当唤醒水平开始上升的时候，好焦虑就会出现，其中还会伴随着注意力和兴趣的提升。唤醒在某种程度上会被围绕其的自主神经活动（例如心率和皮肤传导）检测到。唤醒同样会被可以被脑电图（EEG）检测到的皮质活动检测到。随着唤醒水平（积极的能量）和注意力的提升，我们的兴趣或参与度也开始提升。这些因素共同帮助我们的表现实现大幅度的提升。在表现之"峰"的最高处，即当表现最佳的时候，你就能体验到心流。我们不会常常体验到心流，这张图也很好地说明了这一点。只有当多种因素一并出现时，才能达到真正的"契克森米哈赖心流"之巅。

另一个可以预测心流体验的因素是进步。当然，"最佳表现"是相对的，对每个人来说会有所不同。我拉大提琴的最佳表现和马友友的当然没有可比性，但是我到底有没有可能达到自己的心流状态与我的技术水平如何并没有什么关系，这让我更有动力了——我想要做得更好，我想要有所提高。正是这种欲望触发了我的奖励网络。我们会记得那些愉快的经历，因为在那些时刻，我们的大脑会释放多巴胺，从而让我们感觉良好。我们所铭记于心并希望再次重复的正是这种良好的感觉。在某件事上，你的技术越是娴熟，你的脑-体系统就会表现得越高效；你的技术越是娴熟，你越是会觉得胸有成竹，你在表现的时候就会越放松。

请再看一看图5-1，有一点很重要，需要我们加以注意，即我们都在一条钢丝上小心前行，或者说我们正行走在剃刀的边缘，一边是最佳表现，这其中可能会出现心流，另一边是屈服于坏焦虑，你的表现水平也会随之下降。我们还可以将图 5-1 右半部分表现水平直线下降、焦虑唤醒的程度高涨的现象称为"窒息"。这种再熟悉不过的现象揭示了焦虑是如何干扰我们……或有益于我们的，我们快来看一看这其中的奥妙吧！

窒息的科学

沙恩·贝洛克（Sian Beilock）是芝加哥大学的前任校长，并在 2022 年 7 月 21 日被任命为达特茅斯学院的下一位校长，她研究了顶尖运动员身上的窒息现象。她发现，当事关重大的时候，我们往往会让焦虑主宰自己。焦虑会对我们不利，而这时候我们中的大多数人甚至都不会意识到发生了什么。有的时候，无论我们觉得自己准备得多么充分，焦虑都会出现并接管我们的神经系统，因为我们开始胡思乱想了。读到这里的时候，我想你一定会想起这样的场景：你就要参加驾照考试了，此前你已经失败了两次；你即将去见你新女朋友的父母；你马上就要进行一场重要的面试。这些你即将面对的事情风险很大，你都快要吓呆了。我们都能想象当我们面对这些时会有什么样的反应：我们的手心会出汗，心会怦怦直跳，并开始疯狂担心"假如……会怎么样"，彻底乱了心神。这就是棒球运动员在世界职业棒球大赛第九局击球时，高尔夫球手泰格·伍兹在美国公开赛的最后一洞时，迈克尔·菲尔普斯试图在奥运会上卷土重来时，可能会变得紧张而无法展示其应有的能力的原因。尽管他们经年累月高强度的训练就是为了防止自己陷入窒息状态，但是焦虑的确是个复杂的对手。

对此，贝洛克也给出了解释，即当脑-体系统需要应对太多压力的时候，就会占用宝贵的"大脑空间"，并导致适应不良的反应。击球手对手腕倾斜的角度纠结不已，学生对公式在书的哪一页冥思苦想，程序员为一段代码绞尽脑汁——这种过度思考不仅会干扰我们的表现，还会给我们带来阻碍，让我们想不起自己本已了然于胸的东西。第九局打完球赛就结束了，击球手还需要纠结手腕倾斜的角度吗？学生真的要记住公式在书的哪一页吗？程序员需要想起整段代码吗？答案当然都是否定的。如果一个人对其所见所学不断重复，并"用心"了解这些信息，当压力袭来的时候，他们就会利用唤醒状态（生理的、认知的和情绪的）自动回忆起这些信息，以完成手头的任务：击球、解题和写代码。之前所有的练习能够让我们做到这一点。一种或是一组技能我们练习得越多，我们的脑-体系统生成的模式就越多，这样它就能越有效地工作。而这种放松和自信的状态的敌人就是过度思考。

当有了太多内部或外部压力的时候，通往这种自动功能的路径就会被切断。这就是窒息的基础。还记得我早期职业生涯中那次惨不忍睹的为别人做介绍的经历吧，当时我对演讲者的恐惧，加上我给自己施加的压力，干扰了我所做的准备，并导致我陷入窒息状态。当时我身处一种危险的境况：我无法让自己的身体平静下来，对自己也没有信心。我对当时自己所处境况的意识影响了我的准备工作，我就这样把自己害惨了。

贝洛克的研究还揭示了窒息现象的另一个颇为有趣的方面：是对压力的觉知触发了窒息现象。贝洛克还发现，那些刻板印象——女人比男人数学差；白人男性不擅长田径类运动——即便只是微乎其微，也会给我们的表现带来负面影响。举个例子，如果在女性参加考试之前，核实她们的性别，她们的成绩就会更差。认知提醒会引发情绪反应，进而影响表现。好消息是，如果事先询问这些女性的学历情况，她们就会在考试中表现得更好，她们的成绩至少会提高10%。在这里我要重申，认知和情绪是息息相关的，这一点最重要。消极情绪会妨碍我们思考，而积极情绪会促进我们思考。从心流的角度来讲，这就是享受活动本身对我们来说至关重要的原因；愉悦感会促进我们多巴胺（一种快乐的神经递质）的分泌，从而帮助我们放松和提升表现。

来吧，搞定它！

在与一些很优秀的学生一起工作时，我发现，他们往往会给自己太多的压力，在这些学生身上，我经常会看到典型的窒息现象。下面这个故事让我记忆犹新，因为这个学生最终利用焦虑的力量让自己的表现更优秀。

汤姆很聪明，而且口齿伶俐，他的写作水平也很高，比我看到的那些与他同年级的学生都要好。他很喜欢写作，我们合作写论文的时候他态度端正、充满热忱。在实验室周会上，每当他展示自己的科学论文或数据时，他的状态似乎也都很不错——风趣、机敏又自在。但是当他面对一群科学家（即使这些人他全都认识）时，他就会突然陷入窒息状态。他会明显开始紧张，而且因为在实验室里我们从没看到过他这样的反应，这一点就显得更加突出了。

有一次，他在公众演讲时崩溃了，变得特别紧张，都要说不出话来了。他找到了我，情绪非常低落，都快哭了。"我就是不知道怎样才能让这种状况停下来——无论我在演讲之前练习或者排练了多少次，我好像都搞不定它。"

我对他表现出的急迫情绪有点吃惊，然后我问："我能怎么帮你呢，汤姆？"

"你是怎么学会在各种公开讲话或公众演讲中都表现得那么镇定的呢？"

"嗯"，我说，"我觉得，这是因为我其实还挺喜欢演讲和与观众互动的。我觉得是我对它的享受让我放松了下来，也让我在每次演讲的时候都能做得更好。"

换句话说，是我在某件自己喜欢的事上想要做得更好的想法，驱动着我做到了我能做到的最好。我之所以能在公众演讲时保持镇定，是因为我相信这是一件能让自己开心的事情，而不是把它当作一件会让我难受的事情。

说出这一点后我顿悟：我需要帮助汤姆对演讲充满期待，但首先他需要制定一些策略让自己走出恐惧，这样他才会更自信；我还需要帮助他保持对科学写作的热爱——这是帮助他放松并让他保持专注的关键。

汤姆虽然花了不少时间排练，也热爱科学，但是我意识到我必须帮他弄明白什么可以激励他去利用他的焦虑。汤姆身上还有其他可以帮他克服对公众演讲的焦虑的优点，例如他的幽默感，以及他在我们实验室周会上表现出的出色的经验思维。所以，经过他的同意之后，我决定和他一起做一个小实验。

我问他，除了公众演讲之外，他还对别的什么东西感到恐惧和焦虑。他回答，他常常会担心钱的问题，微薄的研究生津贴对他帮助不大。

"这件事是怎么影响你的呢？"

"我猜，我只是学会了忍受它。但有的时候它还是会让我辗转反侧。我的学生贷款离还完还早着呢，我担心研究生毕业以后我不能在学术界找到一份薪水不错的工作。"

我问："你觉得自己可以和这些不适共处吗？"

"我觉得可以，"他说，"我的意思是，尽管我现在的工作薪水的确很低，但我还是很想拿到这个学位。我热爱科学。"

我表示，这样看来，他已经习惯生活中有一种轻度的不适了。他也这么认为。

接着我问他有没有意识到，在管理对金钱的焦虑时，他使用了一些策略，他也可以将它们应用到对公众演讲的恐惧上。他虽然觉得这些策略对克服公众演讲的恐惧没什么用，但也愿意试一试。

我告诉他，他也许可以用他对"金钱焦虑"的容忍来减轻自己对公众演讲的恐惧。虽然不同的焦虑的触发因素不同，但是它们的激活非常相似，都有着相似的生理反应（它们都以本质上相同的方式激活了相同的压力反应系统）。问题在于，汤姆如何将其对公众演讲的焦虑的容忍程度提高到他对金钱焦虑的容忍程度呢？首先他需要意识到这样一个事实，即他已经管理好了他对金钱的焦虑；意识到自己的压力容忍度，这一点对他将其应用到生活中的其他方面而言至关重要。这种意识还能让他的思维模式变得更积极，这样他就能相信自己可以将对公众演讲的焦虑水平降下来，让它变得可以忍受了。

而这只是第一步。

接着，我帮他制订了一个战略计划，让他对即将开始的三年级的演讲做到心中有数，这些演讲都是系里的研究生必须要完成的，他常常为此夜不能寐。

我们是这样做的：

1. 我陪他一起为他的演讲练习，这使得他对自己要说的
   内容了如指掌，并能对（几乎）所有可能的探究性问
   题做出回应。我并没有让他把自己的演讲内容都背下
   来。事实上，关于自己的想法，他的每一次分享都有
   些许不同，这样既让他觉得很自在，又让他能够保持
   与听众的联系，这一点很重要。我希望他能不断加深
   对自己的想法的理解，并一直保持和这些想法的连
   接。这种排练方式将他的理解从工作记忆变成了陈述
   性记忆。我问了他我能想到的最难的问题，然后我看
   到他的状态变得越来越好。在我们练习的过程中，他
   变得越来越自信了，他的演讲也越来越流畅了，他甚
   至开始喜欢回答问题了。排练的关键在于，我要向他
   提出我能想到的最难、最奇怪的问题，因为他的很多
   焦虑似乎都源自害怕被出乎意料的问题难住的恐惧。
   我们都明白，尽管他的演讲可能很棒，但是如果他没
   办法自信满满地回答问题，他的演讲就不会给人们留
   下好印象。以我的经验来说，一个老练的演讲者会事
   先对可能会被问到的常见问题进行了解，并想好如何
   作答。没错，偶尔也会有意想不到的问题，但大多数
   问题都会有一个特定的主题，你可以练习如何回答它
   们，并去适应这种情况。而且，你会意识到，好的问
   题可能会给你带来精彩的新见解，你可以对其进行思
   考，并和你的观众讨论，这是演讲中最为迷人的一部

分。我提完了我能想到的所有问题，也看到汤姆越来越善于言简意赅地回答这些问题。我看到他开始变得自信了，他脸上的焦虑也开始消散了。

2. 我和汤姆一起重构了他对公众演讲的看法。我提醒他，在演讲中他要和其他同人分享他的工作以及他对科学的热爱，这也是工作的一部分。他需要意识到，他的演讲应该展现他对工作的享受和好奇，这是他每天在实验室里所呈现出来的东西。他需要利用这种享受，这样他才能内化自己对科学的热爱。

3. 我给了他积极的反馈，夸他的准备工作做得很充分，并大力肯定了他的演讲。我反复表示自己对他在演讲上做的努力感到非常骄傲，还向他保证我毫不怀疑（我确实没有怀疑）他会做得很好。

猜猜看怎么样？他搞定了三年级的演讲！一开始他很紧张，但是他意识到了这一点。他没有让自己的紧张变成坏焦虑，而是能够专注于我们一起完成的所有排练，并疏导自己的好焦虑。很快他就找到了自己的节奏，演讲完成得非常出色。观众们提的问题挺难，他只勉强回答了一些，但他还是把整场演讲坚持了下来。我能看出他松了一口气，但是当他的同学们一拥而上，纷纷赞扬他的演讲很棒的时候，他很是骄傲。

汤姆的表现明显有进步了，但是还没有进入心流状态。

他爱上了这种经历，开始兴致勃勃地进行更多的练习，以期进入心流状态。这一切都卓有成效！

　　我之所以和你们分享汤姆的故事，更重要的原因是：和许多雄心勃勃的人一样，汤姆对学习如何管理自己的焦虑极具动力。他也明白，他的焦虑可以是有益和有效的，并且会激发他进步的渴望，从而让他表现得更好。多年来，在本科生和研究生身上，我多次目睹了这种模式。他们对学习内容了如指掌——很明显已经到达了 A 级水平，但是面对考试（无论是书面的还是口头的）时，他们依然压力重重、紧张万分，以至于无法将所知所学在考试中清晰地表达出来。他们会误读问题，然后犯下不必要的错误，使得最后得到的分数反映不出其真实的知识水平。作为一位老师，我认为，学生要学会管理他们的焦虑，这一点很重要。我们都知道，压力在生活中不可避免；一个学生如果很少感到自己有压力，就很少有机会学习如何让自己在压力之下表现良好。

　　我发现，当我有机会向学生提供反馈，并肯定他们对某个主题的理解时，他们会觉得自己受到了鼓励，就会变得不那么焦虑了，还常常会考（即表现）得更好。这种积极的反馈是老式鼓舞士气的方法的精髓，它比较注重扩大压力容忍度，并找到一种轻松管理压力的方式。

　　我也会鼓励学生们，让他们在考试中做自己的最佳"执行教练"，尤其是在那些占他们的成绩比重较大的考试中。我给他们的建议是，要像对待一场体育比赛的训练那样对待考试——练习、排练，并给自己加油打气。具体怎么做呢？通读课本，然后对课本上的所有问题进行回答——如果能自己编一些问题来看看自己是不是完全理解了课本的内容那就更好了，告诉自己"你需要搞定它！"。利用休息时间，把这些你已经复习了的资料通通在心里过一遍，想象这样一个场景：教授一个接一个地扔给你问题，而你有条不紊地全都答出来了，态度镇定，没有任何犹疑。如果在某个点上卡住了，你就再过一遍课本的内容，稍后再回到有疑问的问题上来。到了考试的那一天，请大声地对自己说："我会把这场考试虐个粉碎！我努力了！我了解课本上的所有东西！我就像一个冠军！"

积极的自我对话与可视化[①]密切相关。为什么可视化会对你有帮助呢？因为它能让你对终极的抗焦虑方案深信不疑。可视化会让你在头脑中为如何处理可能会引发焦虑的情况创建一个新的模型，并给自己提供另外一条出路。如果你以前对某些考试总是感到焦虑，也许就可以从想象自己在这些考试中镇定而条理清晰地写下所有经过深思熟虑的答案开始。想象自己正处于即将面临的场景中。你还可以在自己构建的简单的考试场景中添加一些细节，例如笔在你手中握着的感觉，或是你将在考试中体会到的镇定感。可视化非常有用，但是它需要练习，还需要丰富的想象力。关注那些与会

---

① 也叫心理意象，指利用全部感官帮助学习和开发新的技能和策略以及设想成功场景的过程（摘自《通往卓越之路：像冠军一样思考、感受和行动》）。

引发焦虑的情况相关的积极结果。和养成新习惯一样，从小事开始，从现在开始。

心流，你学会了吗？

心流依赖于你平息焦虑、将焦虑转坏为好并加以利用的能力。对我们来说，虽然马友友或菲尔普斯等大师们所感受到的顶级心流体验似乎遥不可及，但是我们都能浅尝一点心流之味，并对它心存渴望。每当你接近心流体验的时候，你都会觉得很奇妙——那感觉欲仙欲醉。你会忘却时间，完全沉浸在当下，享受自我，并全力以赴。心流不但需要快乐，也能产生快乐，还会提高表现，让你达到更高水平，从而产生更多的心流体验，谁会不希望在自己的生活中拥有更多的心流体验呢？

那么，我们要如何重新定义"心流"呢？例如，与其花费1万小时的工作来达到经典的契克森米哈赖心流所需的超高表现水平，不如考虑一下我称之为"微流"的东西。微流也是一种心流状态，它比经典的契克森米哈赖心流所持续的时间更短，但是出现得更频繁，它会丰富我们的生活，并能让我们的表现显著提高。在某种意义上，微流只是给了我们一个机会去享受自我。微流是神经科学的核心：任何体验都可以变成类心流体验，只要它包含意图、参与和乐趣。当我们体验到这种身心愉悦的感受时，我们的大脑就会释放多巴胺，我们会存储这种记忆，并在未来用它来激励自己。

在下面这些时刻我们能够体验到微流。

▶ 一节高强度的瑜伽课结束时的一个深深的放松。

▶ 辛苦工作一周后的一夜酣睡。

▶ 和最好的朋友进行的一场令人振奋的或有趣的对话。

▶ 一次舒服的按摩后达到的深度放松状态。

▶ 超级高效的一天，一次性搞定了5件事（只用了15分钟）。

▶ 拥有超棒的邻居，你们一起努力从树上救了一只猫，你们有共同的目标，并真心觉得彼此气味相投。

以上例子中的心流没有一个达到契克森米哈赖心流的深度——这显而易见。但是，它们都包含了努力工作或深度参与后的放松和享受，因此它们为你提供了奖励。和经典的契克森米哈赖心流一样，微流也有着很强的激励成分。微流有什么益处呢？这些更频繁的心流时刻不仅会减少坏焦虑，增加好焦虑，还能让你充分利用日常生活中的欢乐时刻，这将是你拥有的最有效的休息、恢复和激励策略。

冲向心流！

不久之前，一个俄罗斯商业团体邀请我出席他们在莫斯科的一场年会。我站在奥林匹克体育场的后台，准备跟成千上万的观众谈谈我第一本书的主题，即锻炼对大脑的革命性影响。会场的布置非常隆重，当我从舞台的侧面望向巨大的体育场时，我能感觉到自己开始紧张起来，因为我突然意识到，在人生中，我虽曾无数次对着观众侃侃而谈，但这可能是观众人数最多的一次。我记得当时的我手心出汗，心怦怦直跳，声音是那么大，我都担心旁边的技术人员会听到我的心跳声。前一天，我看到了这次会议的另外两位演讲者，马尔科姆·格拉德威尔（因一万小时定律而闻名）和理查·基尔（Richard Gere）[因电影《风月俏佳人》（*Pretty Woman*）而闻名]，他们款款走上这个舞台，并给观众献上了各自精彩的演讲。我的演讲也会那么好吗？

更让我焦虑的是，当坐在观众席上听基尔和格拉德威尔演讲的时候，我意识到，演讲者踏上舞台的时候，观众们会在舞台前燃放烟花以表示对演讲者的热烈欢迎。还好前一天我看到了烟花，不然到时候这些烟花真的会吓到我——显然，大多数舞台不会有烟花表演！我站在后台，心里想着那一刻的重要性，并为我走上舞台时即将燃放的烟花做好了准备。这一切把我逼到了压力和坏焦虑的边缘，仿佛把我带回了多年前那个介绍演讲者的噩梦般的情景。但是，这一次的情况大不相同。我知道我演讲时很淡定，不仅如此——我还爱上了演讲。在踏上舞台前的那一刻，我清晰地认识到，**我要给他们来一场配得上那些即将为我燃放的烟花的演讲**！

然后，我做到了。

我用我的前额皮质重新把注意力集中在传达我深信不疑的信息时的喜悦上，这让我远离了对失败的恐惧，也远离了对"我不会讲得那么好"的担忧。那些烟花非但没有把我吓住，反而鼓舞了我，激发了我的能量和热忱，进而提高了我的演讲水平。我在这之前紧张吗？当然了！但是，我利用了那些紧张感，它成了我的动力，使我在舞台上游刃有余，并让我的演讲配得上观众的热情——我的好焦虑正在行动！最棒的一点是，尽管会场很大，演讲的时候大多数观众只能从耳机里听到我演讲内容的俄语翻译，但是我能感觉到那些观众完全沉浸在我的演讲中！

没错，在我的生活中，我并没有感受过多少次契克森米哈赖心流。但在莫斯科的那次演讲舞台上，我有了这种感受。也许是因为那些烟花让我力量倍增。也许是因为到我演讲的关键之处时，即演讲开始后两分钟我说"现在，锻炼就是你能为大脑做的最具革命性的事"时，观众们开始鼓掌——这是以前从没发生过的事情！也许是因为那位上场两次的俄罗斯鼓手，他为我演讲中两次短暂的运动提供了背景音乐，我邀请大家参与进来，大家也都按我说的做了。这是我最难忘的一次演讲，不仅仅是因为场地独特，还因为有那些友好的观众。在那场演讲中，我觉得观众和我一起找到了心流。

6

培养积极的思维模式

40 岁生日前夕，我碰到了一堵情绪之墙。在过去的 20 年里，我一直都忙于学习和研究，并在学术和专业上推着自己不断前进。我是一名永不停歇的进取者，除此之外，我几乎没有任何其他身份。那个从小就喜欢百老汇演出的小姑娘，那个在法国旅行时迷醉于语言、文化、食物和葡萄酒的年轻女孩，那个和一位法国音乐家疯狂坠入爱河的女人，统统都不见了。不惑之际，在学术界度过大部分成年时光之后，我突然开始觉得自己孑然一身。

我拼了命地工作，没有时间休息、放松和充电。我一点都不喜欢自己当时的样子和感觉。我觉得自己与世隔绝了，只和一小撮人有交流，其中还有几个朋友不在纽约。那个时候，我和我的父母、弟弟也不是很亲近。我神经紧绷，整天又焦虑又担心，日子过得疲惫不堪。在一定程度上，这的确敦促了我去努力工作——工作上的高效和成功是那时我生活中为数不多的乐趣之一。我还有一个乐趣，那就是吃，这让我的体重增加了 25 磅。我对外摆出一副"快乐且活力满满的样子"，这让情况变得更糟了。我不想让别人觉得我没有朋友，是一个孤独的人。我想让别人觉得我是一个精力充沛、快乐和积极的人。但是，由于没有表现出自己的真实感受，我感到更加焦虑和孤独了。

一开始，我不知道怎么才能从这种局面中脱身。我觉得自己就像是在把一头 3 吨重的大象奋力推上山。但是后来我有意识地改变了方向，依靠对科学的理解和对改变的极度渴求，我开始做了一些小小的调整。我想，如果我身体上的感觉好一些，可能我的头脑也会感觉好一些。于是我改变了饮食习惯，不再常常流连于纽约那些我深爱的餐厅，还对饮食结构进行了调整。接着，我决心增加锻炼频率。我花了一些时间才找到一种我真心喜欢的锻炼方式。谢天谢地，我住在纽约，这里有数不清的选择。最终，我尝试并喜欢上了一种叫"有意锻炼"[①] 的课程，它融合了瑜伽、舞蹈和有氧运

[①]　有意锻炼（intenSati）由莫雷诺创设，是一种将积极的意图或肯定的语气融入锻炼中，并在锻炼时将注意力集中在它们之上的锻炼方式，如在舞蹈中对自己说"我跳得很美""我很优雅"，或在力量锻炼中暗示自己"我充满力量""我很强壮"等，这将为我们带来更高涨、更积极的情绪，同时让我们获得更好的锻炼效果。

动。我开始沉迷其中。我在生活中加入的最后一件新事物是冥想。将它融于我的日常生活，同样花了我不少时间。我是说，我不是在一夜之间就养成了定期冥想的习惯，而是在尝试了各种应用程序和课程，自己也做了一些简单的冥想练习之后，渐渐学会的冥想——事实上，这所有的一切都是我了解什么对我来说是有效的所做的努力。冥想并不是只有一种方式，也没有对错之分。

我对自己对这些新刺激的反应进行了密切关注，也对其结果进行了追踪。我还实时创建和收集着自己的数据。我观察到了一种翻天覆地的转变：我减掉了多余的体重；我开始觉得自己的身体更有活力了；我觉得自己更加平静、更加专注了；我睡得更好了，并且有时间放松、不再一直工作了。但最重要的转变是，我对自己和自己的生活的情绪和态度发生了深刻的变化。

当我退后一步，试着站在旁观者的角度去理解和分析自己生活中的这些变化时，我想到了一些问题：是什么让一个人能够从最具挑战性的生活经历中学习和成长，而让另一个人成为这些经历的手下败将？是什么驱使一个人接受艰难的处境并努力从中脱身，不仅挺过来了，而且从中得到了成长？是什么驱使我超越了如此真实的错失生活之感，并让我试图去做些什么？又是什么驱使我在不知道结果会是什么的情况下也要改变现状？

我一直都觉得自己很幸运，因为我生来就对世界有一种天然的好奇心（这也是我选择做教授和研究人员的原因）。事实上，在科学领域，失败几乎被我们当作实验的试金石。哈佛医学院的医学教育教授约瑟夫·洛斯卡奥（Joseph Loscalzo）在其《失败的庆典》（"A Celebration of Failure"）一文中指出："失败当然是科学方法的一部分。所有精心设计的实验都是以无效假设为框架的，而这种无效假设往往是成立的，而非仅仅是个备选。"① 他这种对失败的熟悉对我来说也并不陌生。的确，在一大堆焦虑中，我被迫视自己的处境为一种失败，但是我一定能学会理解它。

科学表明，对于失败、错误甚至我们所说的厄运，我们是有可能培养出一种有效的反应的。我们生来就有一种能力，可以将发生在我们身上的所有事情（无论是好事还是坏事）利用起来，将其作为自己学习、成长和拓宽视野的机会；这种能力也可能会让我们把发生在我们身上的所有事情视作有问题、可怕和不可靠的。我们用来解释和处理自己的经验，更重要的是，我们对自身能力的信念的透镜被称作"思维模式"。这一迷人而热门的研究课题源于斯坦福大学心理学家和教育家卡罗尔·德韦克（Carol Dweck）的研究。德韦克发现，儿童、学生和成年人都会表现出以下两种思维模式中的一种——一种是固定型思维模式，另一种是成长型

---

① 假设检验中的假设有两种：一种是检验假设，或称"无效假设""零假设"；另一种是备择假设。二者都是根据统计推断目的而提出的对参数或分布特征的假设。

思维模式。

　　为什么一些学生能够不顾失败或障碍坚持到底，而另一些学生却选择放弃呢？德韦克对此很感兴趣。她将研究重点放在了学生如何看待自己的能力或智力上。她发现，相信智力天注定的年轻人会形成一种固定型思维模式，因此更难坚持下去。这些人还倾向于认为所有的错误和失败都是自己智力或能力有限的证明（证据）。

　　而相信智力可以通过努力增长的年轻人则倾向于将错误视作信息，以便自己下次能找到更好的解决方案，这些年轻人表现出的是一种成长型思维模式。事实证明，拥有成长型思维模式的年轻人认为自己可以不断学习，并且能够改善自己和自己的境况。好消息是，德韦克已经证明，成长型思维模式是可以培养的。一般而言，她认为这一过程有四个具体的步骤。

1. 你必须学会倾听固定型思维模式的声音，它会告诉你，无论什么情况，你所取得的成就都是有限的。

2. 你必须有意识地认识到你是可以选择的：你可以屈从于"自己的力量是有限的"这种信念，也可以选择倾听成长型思维模式的声音，它会告诉你，你可以控制自己的压力反应。

3. 你需要用积极的成长型思维模式的声音积极地回应消极的、自我设限的声音。这可能看起来好像有点做

作，但这是一种排练和练习。与其说"这种情况我永
远都扛不过去，我再也受不了了，算了吧，我就是这
么烂"，不如说"现在的情况的确是压力重重，但我
知道都会过去的，我可以这样做，这样做，还可以那
样做，我知道这样我会感觉更好、更踏实。然后，我
就能想到接下来该怎么办了"。

4. 你要采取行动。这意味着你要弄清楚到底该怎么做。
错误、障碍或负面反馈只是一种信息，会让你明白你
要做何思考和行动，在这一点的基础之上，你要知行
合一，然后再采取行动。

多年来，我见证许多学生的固定型思维模式转变成了成长
型思维模式。这些学生不仅变得更加投入、更有动力了，整
体的学校表现往往也会提高。但与我们和焦虑更相关的是，这
种思维模式的转变是如何开启我所说的"翻转"之门的。

当你开始关注对压力的最初反应时，当焦虑开始现身
时，你有一个选择：你可以任其发展；也可以采取行动，以
另一种方式来应对压力。这是你驯服焦虑并学习引导它的第
一步。

要想将一个人的焦虑体验从消极情绪"翻转"成中性甚
至积极的情绪，关键在于你要有意识地决定这么做。我将这
种有意识的选择称作"积极的思维模式"，它与大脑可塑性
的本质密切相关：把焦虑当成改变的催化剂是一种积极的选

择，也是一种将焦虑从问题变成教训的方式。当你形成了积极的思维模式（你可以将其视作一种有目的的成长型思维模式）时，对那些与焦虑相关的糟糕的、不适的感受，你就可以更加自上而下地控制自己对它们的态度，并改变你对不良情绪的体验（即不良情绪会趋于减少）和你的信念（即你相信自己可以以积极的方式引导它们）了。

你一定知道那句老话——"干不掉你的终将让你更强大"。这句话道出了积极的思维模式的关键：你要相信焦虑干不掉你，你还要知道怎样才能集中力量渡过难关。当面对一种让你感到不适的境况、事件或经历的时候，这种思维方式能够让你从容地应对，并从中学习，然后将新学到的东西应用到一个有效的、有生产力的方向上。积极的思维模式还会让你更能意识到，你对自己的态度会如何影响你对生活中的事件或情况的解释或评估。当你觉得生活为你关了一扇门的时候，焦虑会让你觉得走投无路；而积极的思维模式则会让你退后一步，寻找一扇窗。

当我囿于人生危机时，不断的担忧会让我只关注那些迫在眉睫的负面可能性：如果我没得到终身教职怎么办？如果我被毫不留情地踢出教职队伍怎么办？如果我再也甩不掉那25磅肉怎么办？如果没人在乎我减掉了那25磅肉怎么办？

为了切实改变我的处境，我必须先承认自己有多么难过。在数月甚至数年的时间里，我一直都在试图克服这种不适感，或让自己更努力地工作以避免这种不适感，但是现在我不得不承认自己确实出了问题。我需要停下来，让自己去感受这些感觉，这意味着我不能只是减少担忧的时间；我必须面对自己的感受，我要决定自己是想生活在这种境地之中还是想试着走出来。我意识到我需要从我的感觉中找到积极之处，以分散自己对它的注意力，这样我才能从中脱身。我发现，当我选择了复杂的健身课程之后，我就会专注于锻炼，从而没机会再想别的了。我还发现，在学跆拳道的时候，我不会为丢掉工作而担心，因为这个时候我需要集中脑-体系统的每一分力量才能跟得上复杂的动作编排。

于是，我克服了一些消极情绪，让急需休息的自己喘了口气。但是，当我回顾这件事的时候，我意识到，即便这样，我依然回避了一些真正重要的事情。我的焦虑是一个巨大的红灯，它其实在对我说："你的生活需要更多的社交、朋友、友谊和爱！你不是只会工作的机器人！请注意我给你的这些消极情绪；它们在向你传递信息！这些消极情绪是有价值的！"

我必须承认自己是可以选择的：我可以继续照旧行事，也可以做出调整。在那一刻，我意识到自己的生活并不幸福，更重要的是我承认了这一点。我意识到，在获得终身教职的过程中，完成所有的学术任务、通过发表论文和获得演讲邀请等去占据"学术桌上的一席之位"，这些并不会让我的生活变得幸福。而且，我不得不面对这样一个事实：尽管我住在纽约——这座我毕生的梦想之城——这里到处都是享受自我的机会（这里有很棒的餐厅、百老汇、无数的博物馆），但以前我都是孤身一人在享受着这一切。这一认识让我深度地审视了自己的生活，不仅思考我做了什么让自己变得更焦虑了，还思考我没做什么以及我错过了什么——假期、旅行、朋友，还有我对语言的热爱。那个时候，我对假期的态度是"我目前单身，一个人的假期不可能真的有趣，所以我不需要计划什么特别的事情"。我的这种态度，再加上我只顾埋头努力工作，帮我避免了糟糕的感觉，也将我禁锢在了实验室的工作台上，这种方式很不健康。然而，在生活的其他方面我做出了改变，从中得到的积极反馈让我有了空间去思考自己的选择。我对假期的态度开始明确转变——"我孤身一人，所以我可以随心所欲地去任何地方，不用顾虑别人的日程安排或是喜好。真是自在！"

那我做了什么呢？我决定去度一个我能想到的最特别的假期。我周末去做了一次水疗，在那里我遇见了一位健身教练，他也是探险协调员，他说自己就职于一家探险旅游公司。这个公司可以把世界各地的人带到世界上最美丽的地方，人们可以在那些地方冒险，体验当地的文化。我心想，就是它了！我要打破常规，来一次精彩的冒险旅行。我的第一次冒险是去希腊，和一群很棒的向导，还有大约 15 位热情友好的冒险者（包括独自旅行的我），我们一起在海上划皮划艇。我们从一个海滨小镇划到另一个海滨小镇，享受着新鲜的美食，进行着大量的锻炼，还去游览了希腊遗址。这真是一次精彩的旅行！在一个与纽约大相径庭的地方和其他冒险者们聚在一起，真是一种享受。这次旅行开启了我一系列的冒险之旅，后来我又去赞比亚和津巴布韦的边境游览了莫西奥图尼亚瀑布和赞比西河，去了秘鲁的科塔瓦西河漂流，还穿越了中国。

那种自由和快乐令我难以忘怀，它完全改变了我长达几个月的夏日时光，将我从无休止的重复工作中解脱出来，开启了一段令人兴奋的新生活冒险时光。在我控制了自己最初的焦虑水平之后，这仅仅是我经历的一系列思维模式转变中的第一个转变。当我开始梳理这种态度转变的力量时（后来我才将之称为"积极的思维模式"），我开始和自己玩一个游戏：我能改变自己对金钱的焦虑吗？

我审视了那些阻碍自己做出真正改变的信念，以此开始了这场游戏。如果你相信真的有独角兽，而且它有神奇的力量，那么在生活中，你就会怀抱着这样的信念。如果你相信自己的工作时间决定了自己的工作产出，那么你就会以此为信条去生活，你会在工作上花很多时间。例如，我这辈子都很担心自己缺钱（还有这么想的人吗），这一想法源于我的恐惧信念——钱很难赚，开源很难，人们总是缺钱。我需要让自己证明以下事实：①我的薪水能满足自己所需；②只要提前计划，我从未有过付不起账和度不起假的时候。只要有意识地提醒自己这些事实，那些让我更焦虑的信念就会得到更新。我决定基于自己的研究成立一家科技创业公司，这和我对金钱匮乏的信念背道而驰。大约一年后，开一家新公司的花销一下子大了起来；我需要投入更多的金钱，比我想象的还要多。但我没有放弃，也没有让自己对金钱的焦虑阻碍我坚持下去，而是决定积极重塑我对金钱的信念。

现在对于金钱，我有了新的态度：我非常擅长寻找新的资金来源，并且在关键时刻，我总是有选择的余地。我知道我必须（明智地）花钱，才能得到产品和更多的收入，所以我很乐意花钱来完成工作。好的创意总能吸引足够的资金，我相信我的创意，我也相信会有资金来支持它。

我的态度是这样转变的：

表 6-1　新旧思维模式的转变

旧的消极的思维模式	新的积极的思维模式
金钱是稀缺的	金钱是充沛的
我要独自面对	有巨大的人际网络支持着我
我需要让所有人开心	我要集中精力达成我的人生目标，这是最佳的前进方向
我没什么好朋友	我有很多很棒的朋友
只有一直工作，我的人生才会成功	快乐、欢笑和乐趣是为大脑充电的最佳方式，这样大脑才能击败一切
我对失败感到羞愧	我会从人生的所有失败当中得到学习和成长

我需要找到一种方法，让我从过于担心拿钱去冒险，变成担心风险但同时也相信这些风险是值得去冒的，因为我有可靠的资源和获得资本的渠道。

我意识到自己有能力平息对金钱的焦虑，这让我脱胎换骨。我感到无比放松，而且胸有成竹。我能够识别出那些会妨碍我准确评估形势的信念，然后将它们转变为对我有利的信念。每次这么做的时候，我的世界都会变得更加开阔。这并不是说，只要打个响指，我就能一下子在生活中变出很多钱来——这件事当然没有那么简单！但是我可以拆掉那些阻碍我努力实现目标的高墙。培养积极的思维模式需要思考、决心、持之以恒的意识和忍受不适的意愿。这并不是说我对金钱的焦虑已经消失了，但是我一直在为之努力，而这样做我能从中获益。

当我能平息自己的坏焦虑，更主动地培养积极的思维模式时，我也开始理解了焦虑"真正"的功能：它是一个警报系统。当我的生活开始逼近我限制性信念的边界时，我的焦虑就被触发了——这也是我开始冒险、做大梦、走出舒适区的时机。当我与焦虑保持一定的距离去思考它的真面目时，我发现下面这个信念似乎过时了，也没有什么帮助——开一家新公司何其费钱，我对此感到非常恐惧／焦虑，因为我相信金钱通常是一种稀缺品。当我为自己计划一个真正的假期时，我所感到的焦虑和紧张源于我回避了所有的消极情绪。我的焦虑表明，我的计划和信念体系没有同步。

焦虑的警报系统永远不会消失，但是我开始意识到应该如何对其加以利用并让自己从中获益了。

贾里德：
摆脱坏焦虑，开启积极的思维模式

还记得那个大学毕业几年了还宅在家里的贾里德吗？他被焦虑和抑郁所困。他的父母向他发出了最后通牒，要求他要么找份工作，要么搬出去，这成了他从分析瘫痪①中走出来的第一步。贾里德的父母提醒他，他还拥有机会和选择。他有能力找到一份工作，即便那不是他大学时梦想的工作。

父母的逼迫深深地震惊了贾里德，他非常生气。一开始，他对父母的态度是"我要证明给他们看看"。但后来在网上找工作的时候，他变得更加愤怒了。他聪明又机灵。他被困住了吗？没错。他能想出办法来吗？可以。

父母的要求迫使他承认，他对自己没有工作和方向这件事感到非常羞愧。但这一次，他并没有沉湎于羞愧的情绪当中，而是把愤怒当作救生艇。事实也正是如此。

贾里德记得他母亲在通过哥斯达黎加的一个志愿服务项目时曾跟他提过，在这个项目中，志愿者们要接受建造房屋和教授英语的培训。这个项目的服务期只有一年，贾里德也曾辅修过西班牙语。于是，他迅速研究了这个项目，并填写了一份在线申请表，然后就被录取了。这个项目看起来很适合他。虽然他还是会感到恐惧和焦虑，但他觉得自己能胜任

---

① 指分析过多造成的无法决策的现象。

这份工作，所以逼着自己走出家门，登上了飞机。虽然他也会感到孤独和绝望，但与他被困在父母的地下室时的羞耻感相比，这些感觉并不算什么。

几乎在哥斯达黎加的首都圣何塞一下飞机，和这个项目的工作伙伴一见上面，他就开始觉得自己又活过来了。那种悲观、忧郁的感觉在以前就像一条冰冷的湿毯子一样将他紧紧包围着，现在却开始消失了。在接下来的 6 个月里，贾里德开始调整自己。他的焦虑和抑郁并没有消失，但是在这个新的环境中，他逐渐建立起了对自己不适的耐受性。他开始全身心扑在这里的家庭、文化和村庄上。他的工作是个体力活——他是一支建筑小队的一员，他们负责在哥斯达黎加北部地区的中部山区的一个偏远的村庄里帮助当地人建造房屋。这份工作需要他做到两点，这两点恰恰也是贾里德迫切需要做到的：能够用体力消耗唤醒他的身体，以及能够将他的注意力从自己和工作 / 住房 / 生活困境上转移到他人身上。

当他的身体变得更加有活力（单单走到他工作的那个偏远村庄就要 10 个小时）时，他能感觉到，自己在高中和大学时代的那种旺盛的精力又回来了，他情绪高涨，觉得自己的生活并不是很糟。最重要的是，他不再对所有事都那么焦虑了。这份工作需要更多的社交活动，这也让他从中获益良多。他的工作要求他与孩子们交谈（毕竟他要教他们英语），在和同事们用课余时间帮社区搭建房子的时候，他也需要和他们交流。这种社交互动给了他积极的反馈：他是重要的，

他的工作很有意义。有了这些反馈，他就能够有意识地重新
评估自己的价值了。

　　贾里德发生了 180 度的转变：投入有目的的身体、情感、
认知和社交活动中，不仅给了他新的意义和目标，而且让他
的思维方式发生了非常有意识的转变。毕业后那段和父母一
起生活的时光令他记忆犹新，那时他担心自己在生活中找不
到任何意义；父母在让他搬出去这件事上不断给他施压，对
此他也感到很焦虑，而坏焦虑加剧了他的绝望。现在，他能
够利用消极情绪来帮助自己转变了。在哥斯达黎加，他有一
个令人振奋、鼓舞人心的全新目标。他不再担心自己被困在
父母的地下室了，因为未来他可以去教育机构、慈善组织或
慈善教育机构工作。他不再对自己大学毕业后的职业方向毫
无头绪了，因为他知道自己可以成为一名优秀而有爱心的老
师。他不再因为没有亲密朋友的支持而感到孤立无援了，因
为在这个充满关爱和社会责任感的教师群体中他很有归属
感。他在生活中做了如此戏剧性的改变，而且是在短时间内
完成的，因此他能够看到，随着坏焦虑的减轻，自己能真正
地将一种新的思维模式（事实上，这往往需要更多的时间）
应用到自己的身上和自己的生活当中。这一点体现在他的表
情、他的态度、他个人与职业的关系，以及他与自我的新关
系上。这是一件美妙的事情。

　　那么在贾里德的大脑中有哪些新的回路被激活了呢？究
竟是什么让我们从坏焦虑中解脱出来并产生了思维模式上的

转变呢?

从神经科学的角度来讲,我们对焦虑所激活的大脑回路了解甚多。在贾里德到达哥斯达黎加之前,大脑额叶的关键部位——背侧前扣带回,以及其他与焦虑和抑郁情绪相关的、相互连接的大脑区域,会放大杏仁核,这可能会使杏仁核被强烈激活。贾里德受到了哥斯达黎加新社群的欢迎,然后他的杏仁核、背侧前扣带回和腹内侧前额皮质会开始平静下来。对贾里德来说,环境的巨大变化确实改变了他的大脑活动,使之开始朝着好的方向发展。旧环境的负面刺激没有了,新的积极的刺激唤醒了他的神经系统。他所处环境的变化是一种新的、积极的压力源,这减轻了他的坏焦虑,也促使他对自己的情绪状态有了新的认识。

我们还可以看到,他的前额皮质和前扣带回变得更加活跃了,而且大脑各区域之间的总体互动也变多了。就像给生锈的发动机上了润滑油一样,积极的情绪让贾里德满血复活了。

在这个例子中,贾里德找到了一个快速转移焦虑的途径,因为:

▶ 他的体力活动增加了,这消除了一些滞留在他体内的应激化学物质。

▶ 他把自己带到了一个全新的环境当中,那里没有任何他旧有的焦虑触发源,因此他能够创造新的反应。

▶ 他加大了社交刺激，这让他觉得自己与他人的联系更
加紧密了，而这反过来又会释放催产素——一种会让
他觉得更快乐的激素。

▶ 他突然投身到让他觉得有价值的活动中，这改变了他
对自己的人生目标和为世界做贡献的能力的看法。

此外，贾里德开始意识到，这些调整正在以一种深刻的
方式帮他改变自己的生活。这种转变发生得太快了。在去哥
斯达黎加之前，限制性信念（比如，我永远都找不到工作；
我永远不会找到比父母的地下室更好的地方住了；我孤身一
人；我不知道自己这一生要做什么）一直萦绕在他的脑子
里，他可以把这些信念与一种截然不同的、积极的思维模式
进行比较，这种思维模式帮他找到了人生的方向，找到了自
己的归属，并让他相信自己具备把这一切变成一项激动人心
的事业的天赋和精力。事实上，他从高中和大学的快乐时光
中发现了自己闪闪发光的、新的信念体系。他只是需要一种
方法（发现哥斯达黎加的这个志愿服务项目）来摆脱根深蒂
固的坏焦虑，让他再次找到自己闪光的那一面，并知道如何
利用积极的思维模式来克服自己的不安感和犹豫。

我并不是说贾里德以后就会一帆风顺，或者他从此就会
过上疑虑、恐惧或焦虑全无的生活；贾里德很有可能会再次
被焦虑所困——那也没什么关系。但是，如果他能够倾听焦
虑的声音，起身离开，他就能将自己推入一个全新的、能够

减少焦虑的根源——他的不安全感、自我怀疑，以及对自己不知道该做什么的恐惧——的境地。通过体力消耗将自己从焦虑中解脱出来使得他开始重新学习如何疏导焦虑并改变自己，而正是他对这种改变的意识构成了积极的思维模式。

重新评估我们的态度

我们在本书的第一部分讨论过重新评估行为，成长型思维模式正是利用了这种行为。当你重新评估某种情况的时候，你就锻炼了神经科学家所说的认知灵活性——从不同的角度看待同一种情况。是感觉自己无法逃脱某种情况，还是认为自己能够找到创造性地解决问题的方法，这就是认知灵活性所带来的区别。对许多人来说，那种无法避免某种结果的感觉可能会导致焦虑，比如觉得似乎没办法解决问题、消除尴尬或避免糟糕的结果。重新评估是在特定情况下使用的一种强大工具，可以让你开始逐一消除焦虑的诱因，并用不同的方式对它们进行处理。重新评估能让你以不同的方式看待某种情况，就像给熟悉的房间涂一层油漆会改变房间给人的感觉一样。在这种情况下，如果采取积极的思维模式，你就要练习将焦虑等消极情绪视作供你参考的信息——这种选择能让我们"看到"自己的感受，而不是简单地屈服于它们。当我第一次发现自己陷入坏焦虑的时候，当我面对那堵高墙的时候，我意识到自己的感受和真实的感觉之间其实存在着差异。正是这让我有了足够的精神空间切换到科学家模式，并开始把自己的感觉和自己分离开来。这是采取积极的思维模式并将焦虑由坏转好的开始。

你可以用积极的思维模式来重新评估你的处境，这其实会让你开始改变对自己的处境的态度，将其变得实际有效。近期的神经科学研究更深入地探讨了态度和评估的大脑基础，这有助于阐明这一迷人的话题。例如，斯坦福大学的一项研究表明，学龄儿童如果对他们的数学成绩持更积极的态度的话，不仅会取得更好的成绩，而且他们在解决数学问题时海马的活动水平也更高。换句话说，拥有积极的、"我能行"的态度会让我们在情感和认知上更好地发挥作用。而另一些研究表明，抑郁、焦虑和整体的消极态度会导致人们表现不佳。虽然有相关性并不一定意味着两者间存在因果关系，但积极的数学态度有助于人们在数学上取得更好的成绩（海马的激活也会更强烈）。

威廉·坎宁安（William Cunningham）和其同事进行了一项重要的研究，其结果表明，我们有能力改变我们的态度（这正是积极的思维模式要求我们做的），以帮助我们改变对自己的评价。坎宁安称之为"迭代多重加工模型"（IR 模型），这种说法颇为巧妙，在复杂的世界中，我们总是会使用新的信息来重新评估或改变我们对某一特定主题的看法。例如，兰斯·阿姆斯特朗（Lance Armstrong），他是一位战胜了癌症、给予人们希望和金钱以帮助其他像他一样的癌症患者的英雄，还是兴奋剂世界里的头号恶棍？这些评价会根据当前的信息或我们使用的评估框架（癌症还是兴奋剂）来进行调整。我们的态度是由一个以眼窝前额皮质为中心的区域网络来处理的，它们有能力被在外侧前额皮质中进行处理和评估的信息所调节。是让这些态度对我们的行为产生积极的影响还是消极的影响，这一点完全由我们自己决定。

负对比效应的威力

1942 年，利奥·克雷斯皮（Leo Crespi）首次提出了负对比效应，心理学家以此来描述这样一种现象，即当某件事物与明显不那么吸引人的事物相比时，它看起来会更具吸引力。下面这个简单的例子将对负对比效应在现实生活（尤其是我的生活）中是如何发挥作用的予以说明。这段经历发生在我的研究生时期，当时我正要做我的第一次"真正的"科学演讲，在加利福尼亚大学尔湾分校的一次颇有名气的学习与记忆大会上。我已经练了好几个小时，确保能把我的演讲稿背下来；尽管如此，我还是非常紧张。我手心冒汗，感到自己的心跳在加速。我会在讲台上跌倒，还会忘掉演讲内容，这个想法一直在我的脑子里盘旋。在我前面上台的那个学生（这次会议只有学生发言）显然没有练习过。那个可怜的家伙磕磕巴巴地读着幻灯片上的内容，在整个过程中都表现得笨手笨脚；包括我在内的所有人都迫不及待地等着他结束自己（和我们）的痛苦。但看着他笨拙的样子，我意识到自己的准备比我想象的要充分得多；我已经把幻灯片看了一遍又一遍；我也已经练习了我要说的话。我意识到成功的门槛比我想象的要低一些。他讲完后，我走上了讲台。与那个可怜的家伙的演讲相比，我的演讲似乎是那一天中最精彩的一场。我的第一次科学演讲得到了很多积极的反馈。这一次的经历甚至让我开始对公众演讲有了新的认识：我是一名优秀的公众演讲者。

　　这就是负对比的作用：它会让你觉得事情其实比你想象的要好得多，并让你在几乎任何情况下都能看到光明的一面。负对比并不是让你只看到最好的情况，然后担心自己永远不会实现它，而是让你想象最糟糕的情况，并意识到你实际所处的情况比这好得多。"是的，我已经花了我所能花的最多的时间和精力来确保自己做好了充分的准备"，这一点极为重要。这种负对比（和另一个人的情况相比）加上我得到的积极反馈，巩固了我对自己的公众演讲能力的自信，这种自信一直持续到了今天。你可能会认为这和"最坏情况"训练有关：新的评估会让看起来非常糟糕的情况变得可以接受，因为这不是可能发生的最坏情况。

———— ⋀ ————

　　显然，贾里德同样从负对比效应中获益了。由于他所处环境的差异如同黑夜与白天（即父母的地下室较之于哥斯达黎加的偏远村庄）一般巨大，贾里德对之前住在父母的地下室时那种糟糕的感觉记忆犹新，相比之下他现在的感觉好多了。不安感、因为缺觉而产生的烦躁，以及长期以来因犹豫不决而产生的不适，都切切实实地提醒着他，自己曾是多么困顿和焦虑；虽然哥斯达黎加的日子给他的生活带来了各种各样的新挑战，但他觉得这些挑战令人兴奋，因为和之前的情况相比，这些挑战已经是极大的改善了。这些内心深处的记忆形成了所谓的内部基线，使对比效应得以发生。贾里德从自己帮助的孩子和家庭那里得到了积极的反馈，对此他非常清楚。他也非常敏感地意识到，自己去做所有能让自己走出舒适区的事情的感觉有多好。这种意识让他更相信自己有能力接受新的挑战，并变得更加自信。

　　正是这种意识和动机最终让他的思维模式有了转变，这种解决办法不仅仅是暂时性的，从现在到以后，将永远都能发挥其作用。

安妮：如何培养积极的思维模式?

安妮 78 岁了。她是地地道道的加利福尼亚州人，常年打网球，喜欢游泳和瑜伽，并且热衷于投资房地产。她每周有三四个晚上会出门——和一两个朋友吃饭，去图书馆听有趣的演讲，去看电影或戏剧。她一直都很喜欢运动，这让她觉得自己健康且精力充沛，始终处于"最佳状态"。而如今，有些事情发生了变化；她变得易怒，过去能够淡然处之的事情现在很容易将她压得喘不过气来，最糟糕的是，她觉得自己对这种处境无能为力。尽管她有两个女儿，她们都很爱她，也都想要照顾她，但她还是把孩子们推开了，她不喜欢这种打扰。孩子们都说她太忙了，试图说服她放慢脚步。

安妮却坚持说："我一直都是这样的。我就是这种人。"但在某些安静的时刻，她也知道今时不同往日了。最近，她发现自己一直在强迫自己出门；她讨厌那些活动邀约，也害怕日程表上的安排。但她仍然相信这些活动对她有好处——几十年来，这一招一直行之有效。为了管理焦虑，她必须保持活跃。是的，她承认，她的身体和大脑都因为衰老而变慢了，但如果她顺其自然，改变那些她依赖的老习惯，情况就会变得一团糟。事实上，她害怕让自己停下来。

作为局外人，你也许很容易就能看出来，安妮需要放慢节奏：她需要多休息，需要在体育锻炼和缓慢的放松练习间找到平衡，不能总是晚上强迫自己出门。但有一点让她陷入了困境，那就是她的信念——她相信自己的行为决定了自己是谁。如果停下来，她会不会直接垮掉呢？所以她不得不照旧行事，害怕做出任何改变。

她一直都很依赖这些习惯——锻炼，不停地社交以及全身心地工作，这让她觉得自己的生活还有目标和重心。她并没有把这些习惯和减轻焦虑联系起来，多年以来，她一直维持着自己忙碌的日程。但现在她已无法维持原来的活动水平了，对此她感到很焦虑，她感觉自己似乎正在失去对生活的控制。多年来，忙碌让她能够应对焦虑，缓解压力。现在，她不得不放慢脚步，审视这些变化到底意味着什么：她变得更焦虑了。

和许多人一样，安妮不想承认自己感到焦虑。她对自己的看法在很大程度上取决于她在身体和情感上的活力和稳定水平。但当安妮患上肺炎后，她终于被迫放慢了脚步。是的，她感觉糟透了。她几乎不能把头从枕头上抬起来，唯一想做的就是睡上两个礼拜。但被迫放慢脚步也给她带来了一线希望：它迫使安妮承认自己是多么虚弱，承认这么久以来自己有多么焦虑。

对安妮来说，焦虑的爆发是一个警示信号——是时候做出改变了。她讨厌如此疲惫的感觉，开始觉得女儿们的话没错；过去让自己感觉良好的东西现在已经不复存在了。她决定拥抱慢节奏，哪怕只是试一试。她的病给了她一个很好的借口。她也看出来了，随着身体的康复，更长、更深的睡眠让她每天都感觉好了一点。她还决定，等她完全康复之后，一定要试一试多久的睡眠能让她感觉最好，她不再试图去捡回那些旧习惯了。她意识到自己没必要总是和朋友们一起去参加各种讲座、晚宴和盛会，这让她如释重负。通过降低活动水平，她有了更多时间去重新思考，在这之前她热衷于这些活动是因为真心喜欢它们还是奔着它们能够给自己带来的好处。她允许自己意识到休息能够让她感觉很不错，并帮她感觉自己变得更强大了。她决定不再马上恢复社交日程，只参加一些她真正感兴趣的活动，这样她日程表上的邀约次数自然减少了。她也开始渴望恢复有规律的体育锻炼，并且认为这是一个好兆头，但她决定先试一试，而不是马上就定下来要这么办。她打算重新开始打网球，一天一天地来，让她的身体告诉自己每周适合打几次球。

———⋀———

在这种情况下，安妮被迫重新上了一课：我们人类是一种不断变化的生物，我们需要调整自己才能适应我们的变化。仅仅因为一直以来都这么做，就试图固执地坚持旧习惯，这给安妮造成了伤害，但她的恐惧阻止了她花时间去重新评估和制订新的计划。她发现积极的思维模式背后有一个核心理念：当你相信自己能够适应变化时，你会觉得自己在适应的过程中得到了成长。安妮的女儿们简直不敢相信她身上发生的变化——她一直都有一股与生俱来的力量，现在依然如此，深刻的自我意识、乐观的心态以及她可以继续学习的信念，都给了她额外的信心，让她的生活变得更加精彩——尤其是在 78 岁高龄的时候。事实上，安妮发现了积极的思维模式的另一个优势——自我实验的能力。她发现，当她倾听自己身体的声音，通过尝试不同的事情来优化身体的反应时，她不仅知道了自己的身体需要什么，而且感觉自己更能控制自己的健康了。这一认识可能是她给自己的最好礼物："没有人会说我是个学不会新把戏的老狗。"

不要只在假设播放列表上按静音键

在处理日常生活压力的时候，有时我们的应对机制会告诉我们自己做得有多好或是有多糟。你要记住，只是简单地掩盖问题，实际上却不采取任何行动去解决问题的应对机制，与随着时间的推移而有意识地去适应（因为我们或我们的环境会发生变化）的健康的应对机制之间是有区别的。具备积极的思维模式需要你既客观又积极。它还需要培养你对焦虑触发源和随之而来的消极情绪的意识。

以丽莎为例（你可能还记得她），她每天早上去上班前都会跑步，然后强迫自己去工作，最后在一天结束的时候醉倒在沙发上，身边放着空酒瓶。在那些好光景里，这些习惯并没有给她带来糟糕的影响。但随着时间的推移，这些应对机制不再那么有效了。事实上，她好像撞上了一堵墙，她的"快去做"策略正干扰着她的生活。她觉得自己像个失败者，她从工作中得到的反馈都很糟糕："你让每个人都不高兴""你的控制欲太强了""你对周围的每个人都很苛刻"。

丽莎都快要认不出自己了。她知道自己感觉不太好，但她不知道这是为什么——她担心如果她太仔细地审视这个问题，她的整个世界就会崩溃，最后走投无路。她会在半夜醒过来，脑海中浮现出一长串"假如"——所有她能想到的可能会在工作中出错的事情。她对同事们心怀戒备，怀疑他们在想方设法抢走她的职位或夺走她的项目。漫长的工作日结束后，唯一能让她从脑海中的强迫性想法中解脱出来的就是回家喝几杯。在这短短的两三个小时里，酒精会驱散她对工作表现的自我怀疑、她对一不小心就会失去工作的担忧以及她对未来的所有恐惧，就好像她给自己所有的问题都按下了静音键一样。

她心跳加速，满头大汗，她问自己："我的自信到底怎么了？为什么我变成了一个疯狂的泼妇？"她那易怒和难以控制的情绪明确地告诉她：事情和从前不一样了。

为了纠正自己的错误，她必须先承认自己的行为不再有助于她缓解焦虑；她也不得不承认她必须控制或停止饮酒。然后，她开始寻求支持，以帮助她理解自己的焦虑是如何以及从何时开始变得这么严重的，以至于她都无法应对了。最后，丽莎开始在晚上戒酒，她的睡眠开始改善。这一步非常关键，因为它能让她的神经系统平静下来，让她不再那么失衡。状态稳定之后，丽莎开始思考在她所处的环境中有哪些方面需要重新评估。对于工作，她知道自己已步入了歧途。丽莎最渴望兴奋的感觉——那种热爱工作、积极行动所带来的兴奋，还有那种在一个高效的团队中工作所获得的兴奋。因此，她要求老板给她安排一个新项目，与一群新同事一起工作——这重置了她的工作方式。丽莎还想着，自己能不能请一位私人教练来指导自己的职业发展。这些变化重新激发了她在工作中的兴趣和动力。私人教练让丽莎发现，重新调整思维模式可以彻底改变她的工作生活。例如，丽莎可以意识到，她对自己并不用总是那么苛刻，消极的自我对话会让她在工作中产生挫败感和恐惧感。转变思维模式让她对自己、自己的工作表现和目标有了更友善、更温和的态度。这样做还有一个额外的好处，即这种新的态度自然而然地被她扩展到了她工作世界中的每一个人身上。她学会了如何采取一种更开放的心态：她不再觉得自己一定要控制工作的方方面面以免被人们认为她不重要了；她不必总是掌控全局了；她还可以学会放松和倾听。

我们的人生观和对自身经历的态度是我们整体幸福、健康和快乐的重要方面。当你想要改变对自己和生活的态度时，你可以开始试一试下面的这些小技巧。向科学家学习，让自己以一种开放的方式进行尝试。相信我，当你采取这种新的乐观的态度时，你会感觉更好。仅此一项奖励就会为你提供一个新的、更能提升生活质量的态度网络。从本质上来讲，丽莎已经形成了一种积极的思维模式。

玫瑰易名，芳香如故

当写到这一章的时候，我问了自己这样一个问题："有过度重构这一说吗？"

我想起了我的朋友席琳，她是一位优秀的记者、作家和企业家，她曾告诉我，她这辈子从来没有因为一篇文章而遭到过拒绝。

"哇，"我半开玩笑地说，"我知道上哈佛的人很聪明，但我不知道他们还有这样的魔力！"

她很快解释，她之所以说自己从来没被拒绝过，是因为每次交稿对她来说都是向前迈进的积极一步。也就是说，她要么与一位编辑建立了更深入的联系，获得了一些有用的反馈（包括"亲爱的席琳，你的文章是一堆废话。祝好，编辑"），要么为自己的文章找到了一个新的方向。她将这些结果都视为"胜利"，而不是拒绝。

这是一种强大的重构。这也让我开始问自己，是否存在过度重构的问题？过度重构是否会演变成"自欺欺人"，从而让你的亲友们想要干预其中？我问自己这些问题，因为我相信，相较于轻而易举的成功，自己能从失败和拒绝中学到更多的东西。当然，成功给人的感觉好多了，但成功只是给你提供了更多相同的数据：到底什么是有效的。作为一名科学家、一名被读者认可的作家、一名受聘的演讲者，现在还是一名企业家，我热爱成功，但我知道我要从失败中学习。重构是一种工具，让我们得以通过一个富有成效的视角来看待失败，而不是将失败全然抹去——那样你永远都学不到东西。最后，我喜欢给轻而易举的成功和糟糕透顶的失败都贴上标签——这些都是我所作所为的反映，但不是我作为一个人的全部价值的反映。当我允许自己去感受失败、拒绝或谈判没有如我所料而带来的不适时，我开始试着把注意力集中在失败能教会我的东西上：我从中明白了什么？我要如何修正我当前的计划或目标？通过这种方式，我可以将负面经历作为学习工具，但我仍会让自己去感受所有的情绪。

让积极的思维模式开足马力

积极的思维模式并不只是少数幸运儿才拥有的秘密礼物。这其实是一种随着时间的推移通过实践可以学习到的技能。像我们生活中的所有习惯一样，我们练得越多，它就会变得越强大、越收放自如。在培养这种超能力时，我们这些受焦虑折磨的人有着明显的优势，而有机会练习正是其原因。为什么呢？因为只有当你意识到什么对你不起作用时，你才会开始去重新评估，而正是焦虑这种情绪能够将其准确地指出来。

我有一个顽固的焦虑源，那就是我害怕被人看到我内心的真实面目。我觉得如果自己暴露出任何不完美、不安全感或消极的方面，我就不会被接纳，甚至不会成功。这是一种难以根除的恐惧，因为它是我对自己的看法的一部分。我不会承认这种恐惧，我会躲开它——这是一种典型的逃避行为。要怎么避开这种情况呢？我从一句古老的谚语中得到了启发——"成功，从假装成功开始"，我告诉自己，如果我足够努力地去相信，我的"假装"就会变成"真的"。我的问题在于我真的很擅长掩盖沮丧、愤怒和分歧，我不知道如何清晰而真实地表达它们。我真正担心的是，没人会想了解真实的我，因为真实的我会遭遇挫折、会愤怒、会抱怨、会不完美。

我还意识到，我的一部分坏焦虑来自我不允许自己表达这些非常自然的消极情绪，我只是将它们压抑起来，或只在非常有限的情况下才释放它们。我需要意识到，我这样做是因为自己的自尊心，而不是因为表达这些消极情绪真的会带来什么可怕的后果。我花了一段时间才意识到，不允许自己在公共场合表达这些消极情绪是不健康的。我不是说你应该乱发脾气，而是说在事情不顺利或者同事或伙伴真的很混蛋的时候，你是可以表达正常的愤怒的——当然你也有权利生气和沮丧。我得承认，有时候我会对同事甚至妈妈发火，这是我接受自己甚至我的焦虑的一大步。这也让我看到，这些消极情绪并不是我的缺陷，事实上，关于需要给予更多关注的关系和情况，它们给了我很多信息。

我花了相当长的时间才意识到自己是如何深深压抑这些消极情绪的，以及在这个过程中自己是如何压抑自己的。如今，我对自己的情绪以及如何表达情绪有了更健康的思维模式，我会以这种方式向世界展示真实的自我。

现在，我认为这种洞察力是我的超能力之一。你自己的一系列焦虑触发源是你最好的动力，它们会告诉你，你需要做什么。如果你想在你今天的生活中有一些成就和转变，这些触发源就是你达到这一目标的最佳途径。

焦虑为我们提供了源源不断的理由，让我们得以以各种各样的方式形成积极的思维模式。通过给自己留出空间来观察我们的消极情绪（如恐惧、不安全感），我们实际上给了自己一个机会，来寻找可以巩固我们的基础的方法。你要用积极的思维模式来审视焦虑，并怀着培养这种技能的意图，这会让你具备超能力。让我们来回顾一下本章的大概内容。安妮的焦虑告诉她，她需要重新审视自己的日程安排，对焦虑的忽视让她最终病倒了。只有当被迫放慢脚步时，她才能用积极的思维模式看到自己对社交和体育锻炼的容忍度正在发生变化。在生病之后，她不得不将自己的注意力重新聚焦于当下，并意识到 5 年前甚至 10 年前对她有效的方法，如今

不一定有效了。她培养出了积极的思维模式，这是一种真正
的超能力，她可以运用自如。贾里德明白了，他需要在自己
和消极情绪之间留出空间，这样他才能重构对自己的认知。
同样，丽莎也需要允许自己面对焦虑的根源，然后她才能找
到解决问题的根源。一旦做到了，她就能获得更深层次的满
足感。恐惧常常会掩盖焦虑试图传递的更隐晦、更微妙的信
息。但是，如果你能花点时间观察这种焦虑试图向你展示的
东西，你就给了自己一种可能性，让积极的思维模式成为你
的一种寻常的超能力。

7

提高你的注意力和效率

像任何有意义的关系一样，焦虑和注意力之间的关系也很复杂。坏焦虑如同一只狡猾的野兽，它会偷走我们的注意力，让我们分心，妨碍我们完成任务。如果我称之为"恼人的假设清单"在午夜向我们袭来，把我们拖进兔子洞^①里，我们会毫无还手之力。

▶ 如果我没有加薪怎么办？

▶ 如果他 / 她 / 他们不喜欢我怎么办？

▶ 如果我付不起房租怎么办？

———————

① "兔子洞"（rabbit hole）出自《爱丽丝梦游仙境》，比喻未知、不确定的世界。

▶ 如果我做不成下一笔生意怎么办？

▶ 如果我的孩子没有进入梦寐以求的学校怎么办？

▶ 如果有人生病怎么办？

这张假设清单可以无限延长。然而，假设清单（即担忧）是否总是不好的呢？它总是代表着焦虑的负面影响吗？答案既是肯定的，也是否定的。

科学表明，坏焦虑会扰乱我们的注意力网络，导致注意力分散，让我们难以持续专注于某一项任务。然而也有研究表明，高度焦虑的人（例如，广泛性焦虑症患者）往往会表现出一种高度的专注。由于过度敏感的威胁反应会导致高度焦虑，因此人们会变得高度警觉，并过度关注那些真实或想象的危险。这种过度关注会影响人们生活的方方面面。例如，最近研究人员对被临床诊断患有广泛性焦虑症的人和没有焦虑症的人分别进行了一项注意力测试，以测量三种注意力网络（即警报网络、定向网络和执行控制网络，详见下文）的各个方面。每一组都要在高认知负荷（这是认知"压力"的一种形式，如从"100"开始倒数，每个数与上一个数隔 3 个数字）或是低认知负荷（从"100"开始倒数，每个数与上一个数隔 1 个数字）下完成任务。他们发现，当一个人同时在广泛性焦虑症带来的高度焦虑下和高认知负荷下完成工作时，广泛性焦虑症其实会让他们的注意力变得更集中；管理认知负荷所需的注意力需要更多的注意力网络。而一般来说，我们都知道，如果认知负荷太高，注意力就会变得效率低下。

注意力、思维和情绪之间的这种相互作用会体现在我们所说的执行功能中——这是当我们在日常生活的压力下试图轻松地完成任务时，我们的大脑用来管理信息所依赖的所有技能。反过来也是如此：当焦虑的人没有那么忙碌时或者在低认知负荷、没有压力或刺激的情况下，他们更容易受到焦虑的影响，因此更容易分心。

在好焦虑中，我们都有一个绝佳的平衡点，在这个点上，会有一个让我们感到投入、警觉和压力适度的身心空间，让我们得以最大限度地集中注意力并专注在自己想做的事情上。在这种状态下，我们可以继续完成任务，专注于项目或截止日期，最终变得更有效率。如果陷入太多的焦虑当中，我们就会变得更加脆弱：一方面，我们会面临分心的风险；另一方面，我们可能会对威胁过度警觉，以至于没有能力去评估威胁是真实的、值得我们花费时间的，还是只存在于我们的想象中，不值得我们为之担心。我们面临的挑战是，要学会如何专注于目标（无论目标是什么），同时避免分心或无益的过度关注。事实上，这是一种需要练习的"走钢丝"行为。对我们这些想要将焦虑变得富有成效的人来说，这意味着什么呢？这意味着，我们需要学习如何制定假设清单。

重要的是，你可以学着把不安分的精力转移到假设清单的背后，这样不仅能让你控制自己的注意力，还能提高你的效率。这也是一种疏导焦虑的方式。此外，我们也可以将许多能集中注意力、提高效率的策略用来将焦虑由坏转好，这样会在你的脑-体系统中建立起一个积极的反馈循环，不管生活中爆发什么样的混乱或坏焦虑，这个反馈循环都能持续下去。如何实现这一点呢？注意力网络主要由执行控制网络构成并极大地依赖于执行控制网络；执行控制网络在调节情绪方面发挥着重要的作用——这是平息焦虑的关键一步。关于这一点，让我们来仔细看一看潜在的神经生物学原理吧。

执行功能和注意力网络的基础

从广义上来讲，执行功能包括注意力网络，具有三个不同的作用。

▶ 抑制或抑制性控制与我们管理注意力和核心情绪的能力相关，是比较基本的执行功能之一。从本质上来说，这是一种在行动之前先进行思考的能力——这种抑制发表某种观点或做某件事的冲动的能力让我们有时间去评估某个情况以及我们的行为可能会产生的影响。抑制性控制也能让我们保持持续的注意力——尽管我们会感到注意力被分散、疲劳或无聊，但仍会保持对某一情况或任务的注意力。当这一功能成熟时，排队的时候，人们就能耐心地等待，并在有人插队时忍住不发火。当老师不在教室时，在抑制性控制方面存在困难的孩子更难抗拒吃第二颗棉花糖的诱惑。而在这方面有问题的青少年或成年人则可能会无法控制自己的愤怒，甚至会在极轻微的挑衅下做出身体暴力反应。焦虑——尤其是慢性焦虑——会影响抑制性控制功能的发挥，使我们更难自上而下地控制强烈的情绪。

▶ 工作记忆就像一个记忆云，便于人们在需要时可以主动检索信息。作为成年人，我们的工作记忆会在我们安排我们的一天、坚持完成任务以及一心多用时发挥作用。它还包含将过去的知识或经验应用于当前的情况的能力或预测未来的能力。工作记忆有别于短期记忆，指的是在执行复杂任务时将信息牢记于心的动态过程。工作记忆不能与依赖海马的长期记忆混淆，但它同样重要。你可以这么来看工作记忆，即工作记忆是你在计划下一步行动时，将相关信息牢记在心的过程。例如，在热门电视剧《后翼弃兵》（*The Queen's Gambit*）中，主角、国际象棋神童贝丝·哈蒙（Beth Harmon）经常将天花板想象成棋盘，在上面研究自己的下一步棋该如何走。在思考下一步棋时，"记住"当前的棋盘布局是工作记忆发挥作用的一个绝佳（并且是非常高级的）范例。请不要害怕，虽然我们中的很多人不能像贝丝·哈蒙那样在计划下一步行动时记住所有 32 颗棋子的位置，但我们可以在谈话时记住刚认识的人的名字——这是工作记忆发挥作用的另一个常见范例。

焦虑会影响工作记忆，降低其能力。我们都有过这样的经验，即在压力或恐惧下，我们会忘记我们想说的话或某个名字。事实上，这个名字并没有消失，但我们的工作记忆失去了在那个时刻访问它的能力。

▶ 认知灵活性：从根本上来讲，认知灵活性是指当目标或环境发生变化时，从一项任务切换到另一项任务的能力。从更概念化的角度来看，认知灵活性指的是在遇到障碍、挫折、新信息或错误时临场改变计划的能力。认知灵活性能够让我们兵来将挡，水来土掩，有了它我们就可以足够灵活地适应不断变化的环境。毫无疑问，这既是一种心理能力，也是一种情绪能力。在一项有关焦虑与认知灵活性之间的关系的研究中，科学家们研究了高度焦虑的人在认知上的僵化程度。但是，就像我们对焦虑的反应可能会有所不同一样，我们转换任务和适应不断变化的环境的能力也会有所不同。还记得我们曾说过，人们能重新审视或重新评估某种情况吗？人们能将错误或失败视为一种信息，而非对能力的质疑。这种思维模式的转变也是认知灵活性的一个例子。

　　执行功能由以前额皮质为中心的广泛的大脑区域执行（其位于前额的后方，但涉及更广泛的大脑区域，其中一些区域如图 7–1 所示）。

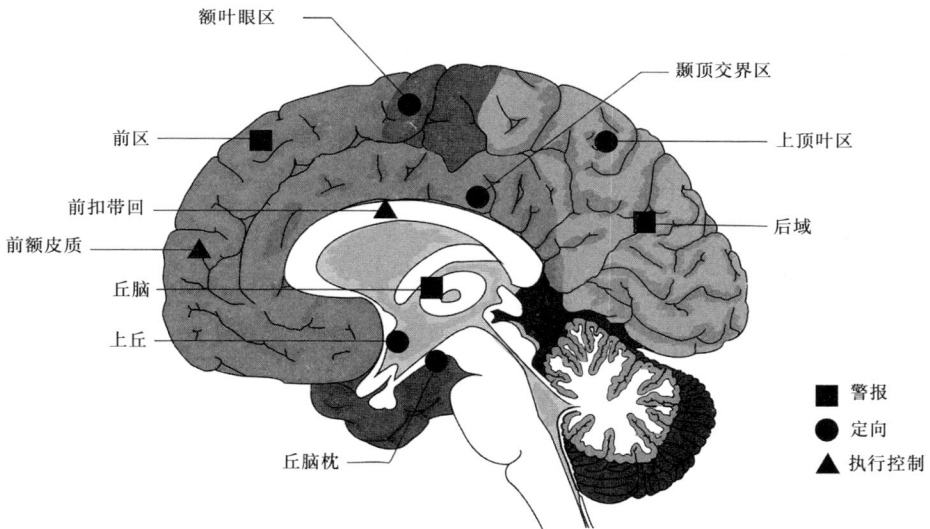

　　图 7–1　广泛的大脑区域结构及注意力网络分布图

　　注意力障碍主要是前额皮质受损造成的，但你可以看到，参与注意力的集中和维持的大脑结构网络更广泛。

　　人们曾认为，高度焦虑的人只是执行控制能力受损，难以调节自己的情绪。但焦虑是如何影响注意力（尤其是执行控制能力）的，最近的研究让我们对此的理解有了些微变化。

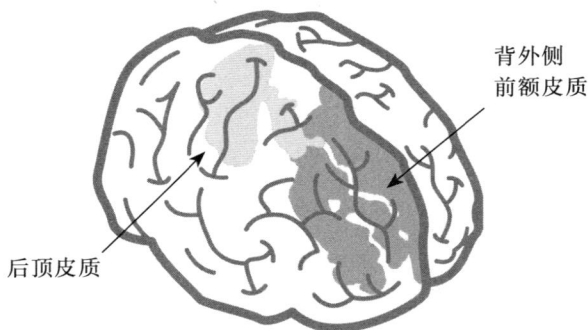

背外侧
前额皮质

后顶皮质

图 7-2　执行控制网络

　　注意力网络通常被定义为由三个独立但相关的网络组成，它们分别对应不同的解剖区域：①**警报网络**让我们对环境中的刺激（无论是视觉刺激还是情绪刺激）和其潜在的危险（这与我们固有的威胁反应有关）保持适当的意识水平；②**定向网络**负责选择需要我们关注的刺激，换句话说，它会定向处理信息，决定什么重要，什么不重要；③**执行控制网络**是一个复杂的交互网络，负责对任何情况施加自上而下的控制。正是第三个网络影响着我们如何处理焦虑。

　　执行功能，即注意力、思维和情绪相互作用的心理技能，是一个自上而下的大脑系统或网络，是我们管理和疏导焦虑等情绪的一部分。我们利用执行功能来完成工作、保持条理性、坚持完成任务以及管理情绪的起伏。如果这个系统被压力源（太多的截止日期、太少的休息）压得喘不过气来，我们管理这些功能的能力就会下降。科学家称执行功能的这一维度为"一个需要努力的过程"——它不会自动发生；它需要有意识的思考，需要深思熟虑。我们需要一些唤醒（即好焦虑）来激发这种努力，但是太多的唤醒或刺激也可能让我们的努力付之东流。

凯尔：你不能一心多用的原因

凯尔是个典型的 15 岁女孩，智能手机永不离身。她用它给好朋友们发短信，关注朋友和熟人的社交账号，玩游戏，偶尔查看一下电子邮件——看看老师布置的作业是否有变化。她一直是个很活跃的孩子，每天放学后都要踢两小时的足球，晚上睡得很好（凯尔每晚要睡八九个小时，她妈妈特别关心这一点），一切都很好，除了一点——她现在越来越焦虑了。

她开始难以入睡，她注意到自己的成绩也下降了，这让她感觉更糟了。她仍然和以前一样努力，还和老师们谈过，想看看自己哪里需要改进。她妈妈认为她变成这样最有可能的原因是：她一心多用。凯尔却一直坚持说，当她听音乐或是偶尔用手机在网上"逛街"后，她的注意力会更集中。"这有助于我放松。"她解释说。但关于这一点，她妈妈也查了资料，她发现青少年的大脑正处于变化和可塑性增强的时期，这个过程很长。事实上，青少年的大脑是不断变化的，这些变化不仅与神经再生（增加神经元）有关，还与神经修剪有关。

在儿童早期，大脑会开足马力产生新的神经元和突触。当我们进入青春期时，就到了神经修剪的时候——这是大脑整理和去除未被使用的突触的方式，会让大脑变得更高效。这种修剪主要发生在前额皮质和与其相邻的顶叶，这些区域对包括决策在内的执行功能非常重要。当这个过程发生时，许多未被使用的、多余的突触会飘浮在其周围。这就解释了为什么青少年经常会做出不理智的决定或有问题的判断——他们的执行系统还处于不断的变化和混乱当中！

随着凯尔受到的刺激越来越多——不停地发短信、网上聊天、无休止地刷社交动态——她对自己的执行功能提出了越来越高的要求。换句话说，她的大脑已无法同时跟上所有的刺激和其引起的内心变化。为什么这很重要呢？因为她感到更焦虑了。焦虑的加剧是她失去平衡的信号。

是无休止的过度刺激造成了焦虑，还是焦虑因为过度刺激而变得更加明显和强烈了呢？它们之间的关系有点像鸡与蛋之间的关系，但两者都是真实存在的。最终的结果就是：她变得心烦意乱，效率低下，越来越不安。而最大的后果是，尤其是从凯尔妈妈的角度来看，她曾经自律的女儿似乎已经失去了自制力，没有能力再管理自己的网络生活、学习、运动和情绪了。在我看来，凯尔的焦虑加剧了，她的执行功能减弱了。

在这个神经修剪阶段完成后的几年之后，凯尔可能能够更有效地同时处理多个任务。然而，就目前的情况而言，她最好把让她分心的事情放在一边，这样她就能更好地集中注意力，重回学习的正轨了。当妈妈坚持让她在做作业和被限制上网时把手机放在另一个房间时，凯尔的情绪开始转变。凯尔不得不承认，没有手机在身边，她对学习的感觉更好了，也不那么焦虑了。她的成绩很快就从低谷中恢复了过来，这对她妈妈和她来说都是意料之中的事。

如果我们用功能磁共振成像（fMRI）来观察她的大脑，我们很可能会发现，无论出于何种原因，每当她被手机分心时，她的注意力网络就会被劫持。而注意力的转移会扰乱我们的神经回路，进而引发焦虑情绪。

凯尔的故事表明，我们的注意力网络很容易受到外部力量的影响。她的故事还表明，分心和执行功能的其他干扰会引发或加剧焦虑。在凯尔的例子中，她（和她妈妈）找到了一个简单的、暂时性的解决办法。接下来的关键是，要继续关注到底什么最适合凯尔来管理她的焦虑，以及什么样的干扰会加重她的认知负荷并打破平衡。

当焦虑增加并压倒我们的脑-体系统，让我们陷入坏焦虑模式时，干预和重置我们的平衡可能会变得更加复杂。在凯尔的例子中，她并没有受到焦虑的长期影响，所以她的重置很简单：当拿走了让她分心的手机时，她的注意力就恢复了，她的焦虑也减轻了。但在这个科技不断发展的时代，我们很有可能会与科技建立更深层、更邪恶的关系，或是完全依赖于科技。这不仅会让我们在注意力和执行功能（抑制性控制的丧失和工作记忆的负荷）方面存在问题，而且会蔓延到其他神经通路，包括与奖励有关的神经通路，而奖励可能会让人上瘾（成瘾与物质、其他奖励源、自我安抚之间的关系是如何产生更重要的影响的，关于这一点，我们将在后文做出更详尽的讨论）。

然而研究表明，不管你多大，一心多用都会对工作记忆、注意力和深度思考造成压力。你是否曾一边开车一边聊天，然后突然发现自己迷路了或走错了出口？你是否曾在电话会议上查看过电子邮件？我们认为自己可以一心多用，但其实我们做不到。心理学和神经科学都支持这一点：一心多用会给我们的执行功能带来太多的认知负荷，从而引发或加剧焦虑。此外，有时候主动关注让我们分心的根源，让注意力更加集中，不仅能提高效率（即使在具有挑战性的情况下），还能减轻坏焦虑。

但正如我们所知道的，焦虑可能非常棘手。缺乏注意力或专注力并不总是导致我们在应对焦虑时出现问题的罪魁祸首；焦虑也可能与我们对无穷无尽的假设清单的过度关注密切相关。

盖尔：学习以新的方式来训练注意力和专注力

盖尔今年 50 岁出头，多年来一直在家抚养 3 个孩子，最近重返职场。当她的 3 个孩子都走出家门去上大学和发展事业时，她决定找一份工作。她在一家繁忙的牙科诊所找到了一份办公室经理的工作。在最初的两年里，她很满意自己的工作、同事和薪水。她喜欢自己的工作，因为这意味着丈夫不必再花那么多时间在工作上了。事实上，她的目标之一就是把挣的钱存起来，这样他们就可以享受彼此的陪伴，多一些时间一起旅行了。

但后来事情变了。

丈夫罗恩说她是一个"上了发条的时钟"——每天天一亮，她就起床了，散步、照顾孩子、准备一日三餐、做志愿服务、找人拼车、活跃在教会里等；她闭着眼睛就能搞定这些家务。当她回到工作岗位时，她又是一位高效和高产的能手。然而，用她自己的话说，她慢慢地没了精力。盖尔开始难以入睡，也没办法睡个整觉。她开始越来越焦虑，并不堪其扰。"我太喜怒无常了，"她说，"我的焦虑超乎想象。我觉得我都不像我自己了。"她变得更容易疲劳了，常常觉得自己筋疲力尽。"就好像有一头 10 吨重的大象坐在我的胸口——我都快要被压扁了，简直动弹不得。"

盖尔愿意忍受疲惫，甚至愿意忍受自己的喜怒无常。但她开始感到自己完全无法集中精力工作了，这最后的一根稻草把她压倒了。她去看了医生，医生解释说，焦虑和睡眠障碍是更年期常见的现象。这并没有让盖尔感到意外——她上一次来月经已经是快两年前的事了。她的医生解释说，雌激素水平的下降与认知功能的整体下降之间存在着联系，而认知功能的整体下降往往会表现为难以集中注意力。盖尔的雌激素特别缺乏，医生建议她吃些生物同源性激素补充剂（激素替代疗法，简称 HRT），这有助于缓解她的症状。由于她的家族中没有乳腺癌病史，而且最近所有关于激素替代疗法的研究都显示其没有什么副作用，只会有好处，包括预防心脏病和全面抗衰老，反正她也没什么可失去的，因此决定放手一试。她特别积极地尝试了激素替代疗法，因为医生或多或少承诺过这样会帮她睡得更好，她的焦虑会减轻或完全消失，她的精力也会恢复。

这是雌激素缺乏的常见影响吗？没错，更年期就是这样——雌激素（女性所分泌的重要激素）分泌减少或不足。雌激素的缺乏会导致焦虑加剧、出现睡眠障碍以及整体精力下降。许多女性也抱怨自己和盖尔一样，容易分心、分神、注意力不集中。补充雌激素确实可以改善这种注意力分散的感觉。

开始激素替代疗法之后，盖尔确实感觉好多了，但她仍然觉得自己的注意力只恢复了以前的 75%。事情的转折点是，盖尔读到了一篇关于如何训练注意力的文章。这篇文章中建议的三件事都有着坚实的科学依据——冥想、认知训练和锻炼——她决心把这三件事都加到自己的日常活动中来，因为她不仅仅想恢复原来的注意力水平，还想看看自己是不是真的能提高注意力和专注力水平。

　　盖尔准备做的第一个改变是什么呢？她开始定期冥想。从冥想开始是因为根据她对冥想的了解，这对她来说会很有效。

冥想的力量

　　有明确的、公认的科学证据表明，冥想可以治疗过度关注和注意力分散。神经科学家一直在研究冥想对大脑的影响，尤其是对注意力过程的影响。在理查德·戴维森（Richard Davidson）博士及其同事的研究中，他们研究了三种不同类型的冥想：①专注冥想，冥想者要将注意力集中在呼吸（吸气和呼气）上，以保持注意力，让思维不再游荡；②开放式监控冥想，冥想者要保持觉察并对所有感觉刺激保持开放；③慈心冥想，冥想者要在冥想中将充满爱和慈悲的思想导向他人和整个宇宙。这三种冥想会影响大脑的不同区域。慈心冥想会激活颞顶交界区（大脑颞叶和顶叶的交会之处），并产生同理的想法（即从他人的角度看待问题）。开放式监控冥想会影响杏仁核和边缘系统的其他区域，有证据显示，这类冥想者的焦虑、愤怒和恐惧感也会减少。专注冥想会影响前扣带回，其参与了自我调节和错误检测；研究表明，专注冥想会提高我们找到某个问题的答案的能力。所有的冥想都被证明可以减轻焦虑，提高情绪调节能力。

研究结果表明，正念冥想、综合身心训练（如瑜伽或太极），以及简单地接触大自然，都会提高注意力和情绪调节能力。例如，一项研究表明，3 个月的强化冥想训练会提高健康成年人在基于注意力的视觉检测任务中的表现。另一项研究表明，在本科生中进行为期 5 天、每天 20 分钟的综合身心训练（这是正念冥想吸收传统中医方法的一种做法），会提高其在抑制性控制的标准任务（也被称为"埃里克森侧抑制任务"）上的表现，在这项任务中，被试必须专注于一个有各种不同视觉干扰的字母。如前文所述，抑制性控制是三个核心执行功能之一。在这项研究中，对照组进行了相同时间的放松训练。进行冥想练习的被试组有着较低水平的焦虑、抑郁、愤怒和疲劳以及较高水平的活力，皮质醇水平所测量到的压力水平也有所降低。这项研究表明，这种综合身心训练会让人们形成一种放松的警觉状态，从而增强意识水平，最终改善人们的行为。好消息是，现在有各种各样为新手设计的冥想应用程序。

通过对冥想专家和冥想新手进行研究，我们深入了解了冥想对大脑的影响。事实上，与冥想新手相比，冥想专家的注意力网络所涉及的大脑区域激活程度更高。人们还注意到（也许这并不奇怪），冥想专家在冥想时比冥想新手更不容易分心。与冥想新手相比，冥想专家与注意力相关的大脑区域的解剖结构也存在类似的差异。一些研究表明，只需要进行 8 周的冥想训练，我们就可以检测出这些结构上的差异。这表明我们不必把自己关在山顶上，连续进行数月的静坐才能看到这些效果。即使让一个冥想新手进行 8 周的训练，其大脑也会开始产生变化，从而改善其注意力网络。这些正是盖尔在自己的冥想训练之后可能经历的变化。

体育锻炼和注意力

现在你们都知道了，锻炼能够改变大脑，我坚信这一点。我的研究表明，体育锻炼能提高注意力，缓解焦虑。即使是单次锻炼也会提高被试在进行斯特鲁普任务时的注意力和执行能力。这是一项所有心理学学生都知道的任务，它要求被试说出一系列关于颜色的单词的字体的颜色。这项任务的巧妙之处是，所有关于颜色的单词都用与之不同的颜色的字体。当关于颜色的单词（如 RED）与字体的颜色相匹配（即字体也为红色）时，这项任务就很简单，被试能很快说出字体的颜色。但是如果关于颜色的单词（如 YELLOW）的字体是与之不同的颜色（如绿色），我们就需要花更长的时间才能说出字体的颜色。抑制单词所表示的颜色并关注单词字体的颜色的能力被称为"选择性注意"，它依赖于前额皮质。

单次锻炼后，被试者在这项任务中的表现会有所改善，而长期锻炼则会持久改善人们在这项任务上的表现。

你可以去问问经常锻炼的那些人，他们可能会说，在锻炼后不仅会发现自己的整体情绪有了改善，而且变得更有精力、更专注了。在单次锻炼之后（我现在只在早上锻炼），我会最大限度地将精力集中在写作或处理待办事项清单上最具挑战性的项目上。在完成了早上的锻炼之后，我总是觉得自己做好了更充足的准备，马上就可以深度投入到任何"准备就绪"的项目中。

锻炼会改善大脑功能的许多方面。与冥想一样，定期的有氧运动对焦虑和抑郁有着强大的积极影响，一项研究表明，在治疗重度抑郁症时，锻炼与最热门的抗抑郁药一样有效。锻炼已被证明可以减轻焦虑症的症状，还能解决潜在的神经功能问题。

一项研究报告称，老年人在三个月中进行更多的有氧运动会导致其白质增大，白质是脑细胞向下游细胞传递信息的输出结构。虽然我们还没有完全弄清楚前额叶功能的改善和白质增大的确切机制，但大脑中一系列生长因子浓度的增加可能会是答案的一部分。事实上，因为即使是单次锻炼（尤其是至少持续 30 分钟的旨在提高心率的单次锻炼）也被证明可以提高注意力／执行功能，而且任何人即使没有穿运动服也可以通过健步走来提高心率，所以体育锻炼是缓解焦虑、提高注意力和专注力最快、最简单、最方便的方式之一。

　　我所做过的最令人兴奋的观察几乎都是在我再次思考的时候做的。在纽约大学，我要给一群即将入学的大一新生做一次 30 分钟的直播演讲（通过 Zoom），我决定让这次演讲令人难忘。于是，我让这些新生在最后 10 分钟里和我一起运动，这样他们才能真正感受锻炼对情绪和认知功能的影响。在最后的时间里，我想到一个有趣的主意，我让他们在运动前后都去做一次快速但标准的焦虑测试以测量他们的焦虑水平。在演讲结束后，我把测试结果发给了他们。我发现，在运动前，这组人的焦虑水平很高，但运动后，他们的焦虑得分大幅下降了 15 分，从高度焦虑状态恢复到了正常水平。你需要在你的生活中增加 10 分钟的锻炼时间，这就是其力量的证明。

韦罗妮卡

　　在我的实验室里出现的被试中，最令我难忘的是一名纽约大学的学生，我叫她韦罗妮卡。韦罗妮卡曾申请来我的实验室做志愿者（这种事屡见不鲜）。她告诉我，她正在为巴黎奥运会双人滑冰项目进行训练，她想研究运动对大脑的影响。我们刚刚在实验室进行了第一次关于锻炼的研究；我们要研究锻炼是如何影响参与者完成涉及前额皮质的工作表现的。被试要在字母和数字之间连线，这些字母和数字会渐渐增多并不断变化。例如，字母和数字会随机出现在页面上，你需要找到"1"，并把"1"和"A"连起来，"2"和"B"连起来，以此类推，直到时间结束。你必须搜寻并记住这些字母和数字的位置，还要按照正确的顺序。这项任务既需要关注字母和数字的排列位置，也需要关注它们出现的顺序，还需要工作记忆——工作记忆也称"暂时性记忆"，可以让你在浏览序列时记住"8"或"K"的位置。韦罗妮卡的工作是做我们的运动测试对象——因为我知道50分钟的单车锻炼对她来说是小菜一碟，这也是研究的一部分。不出所料，她对此没有任何异议。但真正令人难忘的是接下来发生的事情。我从来没有见过哪个人能像她那样快速、准确地集中注意力。她就像是一台专注机器，而且她以前从未做过这项任务。我看着她快速浏览了整个页面，当我说"开始"的时候，所有字母和数字的位置她都已经记得清清楚楚了。如果夏洛克·福尔摩斯要完成这项任务，我都能想象他们会如何拍摄这一场景。

怎样才能出色地完成这项任务呢？现在我必须承认，这是我在实验室里测试过的唯一一名奥运会级别的运动员，但这让我想要做更多的测试，我想看看在类似奥运会级别的运动员里，这种高水平的前额叶功能是不是一种共性。结果是，可能的原因是什么呢？可能是因为这些运动员必须快速评估自己的情况，并在计划下一步行动方面得到了良好的训练——我想到了那些了不起的、能够完成大回转动作的滑雪运动员，他们需要以毫秒级的精度来计划下山的路线。可能是他们的部分训练内容再加之有氧运动，有助于提高他们的效率。也可能是定期的有氧训练增强了她引导唤醒能量的能力，从而提高了她在这项任务中的表现。我不确定具体是什么原因，因为我只对她一个人进行了测试，还有很多令人兴奋的想法有待研究！

最近关于注意力的研究

关于注意力最新的研究领域之一是电子游戏训练，以及它是否会削弱或提高注意力和整体幸福感。2018 年的一项研究回顾调查了对电子游戏的数项研究，包括动作游戏，以及大脑训练游戏和益智游戏。有趣的是，有研究证明，俄罗斯方块——一种能令人上瘾的益智游戏——在改善短期记忆和处理速度方面比现有的大脑训练游戏更为有效。无独有偶，研究发现，在提高解决问题的能力上，另一款颇为流行的平台解谜游戏《传送门》也比广受好评的商业大脑训练游戏"Luminosity"更为有效。虽然这些研究的结果会因参与者的年龄、所玩的游戏类型和实验本身持续的时间而有所不同，但都是正面的。研究人员似乎同意，电子游戏可以很好地帮助儿童巩固其执行功能，也能帮助健康的成年人遏制其认知能力下降的趋势。重点是什么呢？电子游戏和大脑训练游戏再次表明了大脑的可塑性及其功能改善的能力。

德夫：学习以全新的方式利用焦虑

　　德夫是一位成功的企业家。32 岁时，他已经创立并出售了 4 家成功的公司，而他现在的公司——一家旨在开发让航空旅行变得更方便、更愉快的新方法的创业公司——却停滞不前（当然了，这个故事发生在新冠病毒让地区、国家和全球的旅行停止之前）。由于声名在外，他很早就受到了投资者的关注，但他和他的公司一直在进行的冲刺测试（即为了快速而集中地推动某个产品，你要尽可能快地将所有资源投入从想法创意到原型产品的过程中去，以便与客户一起进行测试）并没有按计划发展，因此在筹集下一轮资金时他遇到了困难。他经常在纽约和洛杉矶的办公室间飞来飞去，赶着灭火，感觉自己像一只没头苍蝇。正如他所说的那样，他的焦虑失控了。

　　德夫一直都很喜欢创业世界中的兴奋和随心所欲，并为自己能够克服痛苦和压力完成工作而感到自豪——那时他还可以处理压力和引导唤醒。但这一次，他开始担心自己跟不上了。他一直无法谈论自己不断蔓延的焦虑情绪，这种焦虑情绪很快就成了他额外的负担，让他怀疑自己的最后一步——即使他的逻辑思维和直觉都告诉他自己是对的。他经常陷入与拒绝他的投资者的最后一轮谈话的反复循环，这使得他不得不一直仔细检查谈话中他完全搞砸的地方。

　　现在，他的资金并没有像他希望的那样到位。想到可能会出现的负面结果，德夫感到自己的焦虑就像洪水猛兽一样向他袭来。他的焦虑从可控变成了失控。

一天晚上，当德夫感到绝望时，他给以前的一位同事发了条短信，这位同事也曾在创业沙场里身经百战。他从未向她寻求过什么建议，但他曾见过她开导别人。德夫信任莫妮卡，知道她是可以跟他聊一聊的人。莫妮卡专门从事业务开发方面的工作，她曾与许多成功的创业公司有过成功的合作，其中包括德夫参与的一两家公司。

收到短信几秒钟之后，她就给他打了电话。

一听到她的声音，德夫就平静了下来。他想起她那总是精神焕发、准备充分的样子。他强迫自己向她说明了自己的感受。

然后，莫妮卡和他分享了一个自己的故事。她向德夫承认，她一生都在饱受焦虑之苦。早些年，她对自己的每一个举动和每一个最后决定都心神不宁。这几乎让她想去寻找一种新的谋生方式。

听到这个，德夫觉得简直不可思议，因为她总是一副神奇女侠的样子。

接着莫妮卡告诉了德夫自己的秘密。她说自己意识到，让她担心和质疑每一个举动的强迫倾向其实都是她事业和生活中的一项重要优势（请注意，这是一种积极的思维模式）。她意识到，当面临达成交易的压力（即高认知负荷）时，她可以训练自己的注意力，以识别出特定情况下所有可能的陷阱。她意识到，与其抛弃这种本能，不如用它来创建一个可能的用来分析的场景清单。这一策略对她的商业决策和生活决策都非常有用。她意识到，她的假设清单其实并不是她的能力大不如前的征兆；这是一种工具，能让她对手头所有的商业提议进行更有效、更完整的评估。莫妮卡偶然发现了一个窍门，开始以一种全新、高效的方式来利用焦虑的保护功能，从而使自己远离糟糕的境地。她开始关注那些紧张不安的情绪——不仅开始期待它们，而且开始渴望它们，让它们帮自己点燃内心之火。她学会了如何利用好焦虑给她带来的躁动来深入（自上而下地控制她的注意力系统）她的商业决策和交易。正如她对德夫所说的："拥抱焦虑让我成了一个更高效的企业家。"

德夫立即意识到，他可以使用同样的策略来帮助自己将注意力集中在他的假设清单上，以便更好地评估任何可能出现的商业情况的负面影响，从而强化他的决策过程并在客户和潜在投资者面前据理力争。下面就是德夫"执行"莫妮卡的策略的具体步骤。

1. 他思考了自己想要实现的目标，包括他对自己能否实现目标的担忧和恐惧。

2. 他列出了所有出现在脑海中的假设，这是他在实现目标的过程中可能的障碍。

3. 他列了一个假设清单，还列出了他可以采取的所有行动，以解决清单上的每一个假设（请注意，有时单单列出行动就是考虑特定情况下所有可能的结果或场景的有效的第一步）。

4. 每完成一步他就对照清单核对一遍。

5. 浏览清单的时候，他会重写清单，对其进行更新。

6. 重复这个练习，直到达到目标。

这一练习成了德夫应对恐惧的系统性策略，以及他对生意的高度焦虑的战斗经验。但他很快发现，这种策略还可以应用到生活中的大部分挑战上，无论是个人挑战还是工作挑战。他可以将自己的担忧（也就是他的假设清单）转化为行动清单，有效地将焦虑转化为高效的超能力，而不是因为焦虑而觉得自己受到了阻碍。

对德夫来说，这一策略让他觉得自己获得了一种神秘的超能力。他曾认为自己将永远遭受坏焦虑之苦，而如今他意识到自己有能力将自己对生意上的那些假设的过度关注转化为一种强大的商业策略，他知道这种策略很快就会让自己起死回生。因此，德夫对自己又有了信心。他过去总会听到一个小小的声音在质疑他的决定，但现在他更相信自己了。他知道，把注意力放在细节上，不仅有助于减少对自己的事后批评，而且让他觉得更自在了。他开始相信自己在创新上的直觉，而不是让自己身陷每个想法是否完美的泥潭。他知道这些想法有的会成功，有的不会，但那也没什么大不了的。

更专注让你更高效

在这一章中，我们重点讨论了注意力的神经生物学原理，如何提高注意力（通过锻炼和冥想），以及集中注意力的特殊形式如何成为好焦虑的一种形式，并且以这种方式提高注意力是因为它很高效。

例如，当德夫开始使用假设清单来帮助他解决创业公司任何新产品的问题时，他的效率就会立刻提高。凯尔在做作业时减少了干扰，从而提高了她的学习成绩。通过定期的冥想练习，盖尔回到了她以前随时做好准备的状态，以此让她在工作中更能够集中和保持注意力（雌激素补充剂也有所帮助）。韦罗妮卡在暂时性记忆（或工作记忆）测试中的惊人表现表明了定期锻炼对她集中注意力的影响。在这4个故事中，他们都利用了消极焦虑的潜在唤醒，并通过注意力网络对其进行了引导。如果他们没有专注于注意力网络的运作方式，就无法引导或利用焦虑的唤醒。此外，当负面刺激消失（凯尔的例子）时，他们的脑-体系统会平静下来（盖尔和德夫的例子），或者仅仅依靠参与的能力（韦罗妮卡的例子），他们的注意力就会提高。换句话说，好焦虑会提高你的注意力，如果你能做到以下几点的话。

▶ 减少分心。

▶ 用冥想提高注意力和效率。

▶ 用锻炼促进冷静和警觉。

▶ 将充满焦虑的假设清单转化为高效的、目标导向的待
　办事项清单。

8

准备好社交大脑，平息社交焦虑，增强同情心

终其一生，我们都在使用语言和非语言沟通工具来推断别人的感受，表达我们自己的想法、感受、欲望和意图。从面部表情到手势，从语调到对话风格——它们都是被习得的，让我们得以与社会互动和交流。我们会属于各种各样的社会群体，我们要发展并适应这些群体的社会规范——从家庭到学校，再到工作场所和更广泛的社交圈。在这些互动模式中，我们越高效，就越能掌控生活，在驾驭世界、职场和人际关系方面就会越成功。丹尼尔·戈尔曼（Daniel Goleman）创造了"社交智力"（也称SQ，即社交商）一词来描述我们驾驭社交场合及情绪的能力；他认为，作为个人

和事业成功的预测指标，我们的社交商（以及我们的情绪智力，即情商）比我们的智商更重要。这些社交技能在我们如何管理和学习控制焦虑方面发挥着重要的作用。

我们一出生就开始学习这些技能。在和父母或照顾者之间的反复互动过程中，婴儿首先会开始注意来自其主要照顾者的身体或情绪刺激。婴儿生下来就会观察和回应面部表情，尤其是母亲的眼神暗示。这种互动有助于建立健康的依恋关系，这也是健康的情绪和心理发展重要的基础之一。在很短的时间内，父母和孩子就会自动协调他们的非语言交流——神经科学家称之为"社会同步"，这也为我们未来如何更好地与他人互动奠定了基础。事实上，当这种互动缺失或不一致的时候，儿童的认知和情绪发展就会受到影响。有研究表明，缺乏亲子互动与低智商、自我调节困难及包括社交技能在内的学校表现的长期缺陷存在相关性。

语言和非语言沟通能力是必不可少的社会认知技能，它根植于我们哺乳动物的生物习性当中，并与特定的大脑网络有关（见下文）。当与周围的人互动的时候，我们会收集有意义的信息。我们会通过观察别人的行为来引导自己的行为，并以此判断某个人或是某个环境对我们是否有利。最终，随着我们长大成人，我们会形成一套互动模式，这些模式会决定我们如何在与他人的关系中发展自己的个性，如何享受亲密关系，如何解决和化解冲突，如何学着维护自己，如何配合、协作与妥协——所有这些社交技能都对我们应对这个世界和这个世界中的人来说非常重要。这些技能有助于我们在未来建立亲密关系和有意义的友谊，也有助于我们抚养孩子以及建立我们的事业和人际网络。

众所周知，和所爱之人保持联系，开启丰富的社交生活，怀抱同理心（即深层次理解他人观点和感受他人情绪的能力）有助于保护我们的脑-体系统；它们能增强我们对压力的承受力，缓解坏焦虑。当我们学会如何在这些方面磨砺我们的社交大脑的时候，在生活中，我们就会感觉更好，管理得更好。事实上，好焦虑——来自对我们所有情绪的调节和关注，包括消极、不适的情绪——会激励我们变得更加外向，更有兴趣与他人交往。然而，我们也都知道，当我们过度焦虑时，当我们对压力或不适的承受力将我们推到某个临界点时，我们的社交信心就会崩溃。

几项研究表明，慢性压力会破坏脑细胞的功能，从而让人们失去社交的欲望，回避与他人的互动。慢性压力也会对前额皮质产生"萎缩效应"，尤其是记忆功能。当感到焦虑的时候，许多人会退出或回避社交场合，这是他们应对恐惧和不适的策略，就像我们对焦虑的反应短路，旨在避免而非应对不适的触发源。那么，如果我们天生就爱社交，为什么我们中的许多人一想到要去社交场合就会感到焦虑呢？为什么对这么多人来说，参加集体出游、派对或活动，结识新朋友令他们感到痛苦呢？又是为什么天生就要做的事会让我们产生如此之多的焦虑呢？

当这种短路失控时，人就会产生临床水平的社交焦虑，医生称之为"社交焦虑障碍"。在社交活动前或活动中，我们会感到紧张，甚至有一点害怕，这是日常焦虑，而社交焦虑障碍与此有着明显的区别。社交焦虑障碍患者的特定区域的大脑功能会发生变化，包括前扣带回和边缘系统的一种广泛性过度警觉。当涉及日常焦虑的时候，我们有机会将焦虑的唤醒和注意力集中到社交场合，并抑制我们最初的恐惧反应，以更好地管理任何可能因社交场合而加剧的焦虑。例如，如果我们对参加派对或郊游感到焦虑的最初反应是避开它，那我们就可以学着平息这种恐惧。此外，我们越去强化社交大脑及其智力，我们就越能缓解由此产生的社交焦虑和孤独感。

孤独往往伴随着坏焦虑，并且两者会让彼此的程度加剧。孤独感产生的部分原因是缺乏社会依恋和互动。医生和治疗师常常建议孤独的人参加一些活动，与亲友和同事重新建立联系，或者参加支持性小组。换句话说，人是治愈孤独感的良药。但是焦虑通常会变得无比强烈和持续，以至于大脑会发生切实的变化，在某些区域发生异常和错误，而这些区域会影响人们如何看待自己与他人的关系。研究人员称之为"感知孤独"（perceived loneliness）（也有科学家认为，这些大脑的功能失调是先出现的，这就像一种基因异常，会让人容易有孤独感）。在这个问题上，无论是先有蛋，还是先有鸡，孤独感都是有害的，它会加剧焦虑，并给无数人带来影响。

健康服务公司信诺（Cigna）近期用加利福尼亚大学洛杉矶分校的孤独感量表进行了一项调查，其结果显示，现如今一半的美国成年人都感到孤独。现在我们已经知道，孤独会带来严重的健康风险。例如，一项对 30 万名患者进行的荟萃分析显示，和社会关系充足的患者相比，孤独的患者的死亡率比前者的高 50%。从生理学角度来讲，较高水平的孤独感与代谢功能障碍、系统免疫受损、睡眠中断、心血管疾病的高发病率以及高死亡率都存在相关性。

如果坏的社交焦虑会导致一系列的问题，并妨碍我们建立健康成长所需的社交关系，那么好焦虑又是如何帮助我们的呢？

对社交大脑是如何工作的、我们是如何发展社交智力的，我们可以做更多的了解，以缓冲焦虑的负面影响，包括可能会让我们退缩和变得孤独的恐惧反应。我们还可以利用好焦虑的唤醒和被好焦虑激发的注意力来帮助我们以有意义的方式与他人进行联系。就像增强肌肉群一样，我们也可以增强对他人的同理心，这是一种联系的力量——我们与他人的真实联系越多，我们的整个脑-体系统就会越健康，我们的生活就会越丰富。此外，你可以把同理心变成一种超能力——朋友们，那就是同情心。

走进社交大脑

　　菲尼亚斯·盖奇（Phineas Gage）的故事如今赫赫有名，这个故事引领了对社交大脑的现代理解的研究。盖奇是一名铁路工人，后来担任了工头，当时是 19 世纪中期。他遭遇了一场事故，导致其大脑永久性受损，尤其是前额皮质中最靠近大脑中部或"中线"的区域。事故发生之前，认识他的人都说他是一个勤奋负责的人，是下级眼中"最受欢迎的人"。但出事之后，治疗和研究他的医生表示，尽管他的一般智力和大部分记忆没什么变化，但是他的个性和与社会互动的能力与之前全然不同了。据他的雇主说，事故发生后，"他思维的变化太明显了，我们不能再让盖奇担任那个职位了"，这时的盖奇在大家眼中变成了一个"喜怒无常、无礼、爱爆粗口（以前，这不是他的惯常举止）"的人。事实上，他的朋友和同事都说，"盖奇已经不再是盖奇了"，他的整个性格都变了。

　　几乎所有的神经科学教科书都会提及菲尼亚斯·盖奇的故事，因为这是我们第一次发现内侧前额皮质（即中间部分）对社交智力的重要作用。从这个著名的案例开始，我们陆续发现了其他的脑部疾病，这些疾病也会损害社会互动。神经科学家和认知心理学家将盖奇受到损害的关键功能称为"心智化"，它指的是恰当地描述我们自己和他人的心理状态的能力。心智化受损的常见例子是自闭症，在社交、语言交流及正确描述他人的心理和情绪状态（即心智化）等方面，自闭症患者都存在困难。

脑成像研究涉及与心智化相关的两个主要的大脑区域。第一个区域是可怜的盖奇先生受损的区域的中间，内侧前额皮质，以前人们认为这里是前扣带回（见第 145 页图 7-1）。当人们观察或意识到自己的心理状态以及他人的行为时，这个区域就会开始活跃。另一个涉及的大脑区域是颞叶和顶叶的交界区域，被称作"颞顶交界区"。当被试看到他人采取行动的时候，这个区域就会活跃起来，也许你更熟悉它的另外一个名字，即意大利研究人员发现的"镜像神经元"。

镜像神经元的功能类似于心智化神经元，它们似乎都会在人们产生同理心的时刻被激活。虽然镜像神经元可能不是全面理解同理心的唯一关键，但越来越多的证据表明，它们对涉及同理心的大脑区域有着切实的贡献。20 世纪 90 年代初，人们在猕猴身上发现了镜像神经元，研究表明，当被试自己进食时，以及当被试看到其他被试进食时，这些独特的神经元都会做出反应。更多最近的研究发现了一个与镜像有关的、更广泛的大脑网络，包括在经历疼痛和对疼痛感同身受（即看到他人忍受疼痛）时活跃的某些前岛叶皮质。尽管关于同理心的社会神经科学研究已经取得了巨大的进展，但镜像神经元和同理心之间的确切关系还需要进一步的研究。

就像我们讨论过的许多其他大脑功能一样，同理心是由自下而上和自上而下的过程产生的。它不仅依赖于镜像神经元的自动功能，即镜像神经元能捕捉和识别他人的情绪，还依赖于更具意识的心智化能力，以此推断他人情绪的含义。然而，同理心的第三个组戍部分对我们理解这一点至关重要：自我意识和情绪调节。为了从他人的角度看待问题，我们需要让自己心里觉得踏实。

———／\／———

大脑中有大量的区域与社会知觉相关，包括对社交场合进行应对和反应。其中一些区域涉及决策和专注，影响着我们的社会互动方式，这些区域位于前额皮质，而其他的社交功能，例如我们如何应对社交场合（即获取社交线索、理解肢体语言等），似乎发生在杏仁核中，我们还会在这里处理核心情绪反应（图 8-1，见下页）。从这张图中我们可以看出的关键点是，我们需要用到大量的大脑区域来处理和应对社交场合。

催产素：缓解焦虑的爱情荷尔蒙

你可能听说过催产素的大名。它是媒体的宠儿，被人们吹捧为"爱情荷尔蒙"，而且是治疗羞怯的良药。你甚至可能在谷歌上搜索过"催产素"，并在最受欢迎的电商网站上

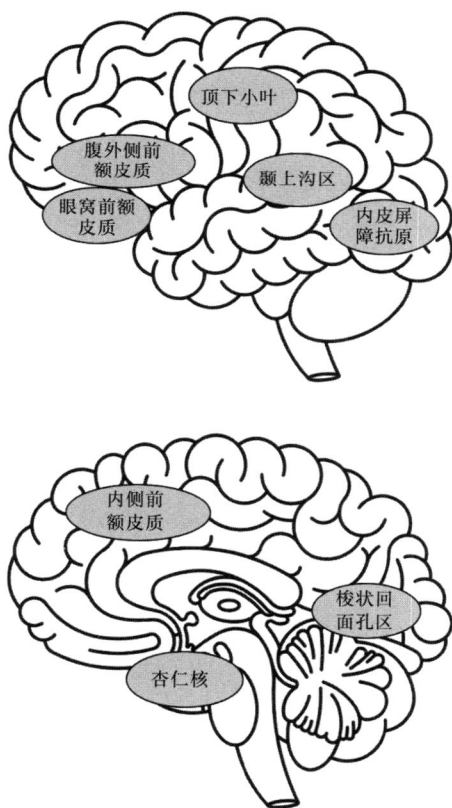

图 8-1　社交大脑的神经解剖图

　　该图和对社交大脑的解剖学研究表明，社交智力是注意力、知觉和情绪调节的混合体。正如我们所见，所有这些潜在的神经网络都会对我们管理压力反应和处理焦虑的方式形成影响。

看到过含这种激素的鼻用喷雾剂。但你可能会惊讶地发现，催产素在发展我们的社交能力（即社交智力）方面也发挥着广泛的作用，它的缺失与社交焦虑障碍和孤独感之间存在着联系。

下丘脑的脑细胞会产生和释放催产素，下丘脑是大脑中部的一个很小但很重要的区域。催产素最广为人知的功能之一体现在分娩期间。它不仅会刺激子宫收缩，使婴儿顺利通过产道，让母亲分娩，让乳汁在产后从乳房中排出，而且会增强母子之间的依恋。这是催产素作为爱情荷尔蒙的真正力量；没有它，母亲很难与婴儿建立关系。

在关于催产素的故事中，令人激动的那个部分已经被揭开，美国国家心理卫生研究所前所长汤姆·因塞尔（Tom Insel）教授和他的同事们发现，催产素和一种与之相关的神经激素——加压素一并控制着一种名为橙腹草原田鼠（简称"草原田鼠"）的可爱小动物的配对。用外行的话来说，因塞尔教授认为催产素是草原田鼠采取终身配偶制的原因。草原田鼠是为数不多的、能够形成终身伴侣关系的哺乳动物之一。事实证明，为了形成这种固定的配偶关系，雌性草原田鼠需要在交配过程中释放催产素，而雄性草原田鼠则需要一种名为加压素的神经激素。也有其他研究表明，催产素会使我们学习社会行为和社会认可的准则，并与他人形成有意义的联系。有趣的是，不管是这些特质中的哪一种，往往都是慢性或长期孤独的人所缺乏的。

催产素已被证明可以"调节"焦虑，并会通过镇静脑-体系统来帮助调节压力反应。例如，有研究报告称，血液中催产素的水平越高，抑郁症患者的压力反应就会越低，其焦虑反应也会越低。这是怎么回事呢？最近的一个模型表明，催产素的释放会引发科学家所说的"社会应对"，即寻求帮助或向他人寻求支持，这当然会减少你的焦虑。

我们的身体会产生一种化学物质，它会让我们主动去寻求帮助，从而减少焦虑和孤独的感觉。现在想一想，如果这个过程被打断或阻碍了可能会发生什么。

催产素非常重要，人们做了大量努力去寻找替代催产素或刺激催产素产生的方法。你可能见过这样一种产品，意图在人们焦虑的情况下通过人为地增加鼻内催产素水平，以帮助刺激人们的社会应对行为。科学家在人类的鼻内使用了催产素，研究其对对照组被试（即具有典型社会关系的成年人）、社交焦虑障碍患者及孤独症谱系障碍（ASD）患者的影响。研究的结果喜忧参半，没有定论。从积极的方面来看，他们已经证明，鼻内催产素可以减少焦虑，提高社会认可，增强社会动机。坏消息是，其结果变化很大且不总是积极的，因为它们不能可靠地改善社会机制；它们在不同的人群中的效果也有所不同。事实上，最近有人对关于鼻内催产素对焦虑 / 抑郁的影响的研究进行了综述，其结果显示，总体而言，其效果参差不齐，无法得出任何明确的结论。

是否有望使用鼻内催产素来帮助我们应对焦虑呢？答案是肯定的。这些研究仍然处于早期阶段，还有许多有趣而可行的操作有待尝试。事实上，所有社会神经科学家都会告诉你，关于催产素的研究每天都在增加，虽然今天我们可能还不知道如何最好地使用鼻内催产素来改善焦虑，但我们对其机制的了解每天都在增多。事实上，这项关于催产素的研究非常鼓舞人心：我们对其机制以及如何提高其水平越是了解，就越有可能应对社交焦虑。

社交商的力量

同理心及其姐妹同情心是焦虑的终极超能力。理解我们如何建立这两种能力要以社交智力科学为基础。神经科学研究有一个较新的领域，集中研究社交能力及其对我们整体幸福感的重要性。思想领袖、畅销书《情商：为什么情商比智商更重要》（*Emotional Intelligence*）和《情商2：影响你一生的社交商》（*Social Intelligence*）的作者丹尼尔·戈尔曼认为，社交大脑有以下5大功能。

> ▶ 互动同步：这种非语言交流的自动协调最初是在母亲和婴儿之间的互动中习得的，为依恋、沟通技巧以及理解如何期待和进行与他人的常规互动奠定了基础。
>
> ▶ 产生同理心：同理心不止一种。原始同理心使我们能自动识别他人明显的情绪状态——恐惧、厌恶、悲伤

等——这些情绪不需要更高的认知加以识别或解释；认知同理心是一种可以通过学习习得的技能，需要更细致且更复杂的推理、识别、注意力和感知。对社会敏感或患有自闭症的人可能会难以或无法产生同理心。

▶ 社会认知：这是我们在社会群体中管理自己、读懂面部表情、倾听、交谈以及与他人和谐相处的一般能力。

▶ 互动或沟通：这些基本技能使我们能够与他人交谈、倾听，并以其他方式与他人沟通。

▶ 关爱他人：这一功能是最基本的，能帮助我们与他人建立联系，从而满足我们的基本需求；但是它又很复杂，能帮助我们与他人建立深层次的、有意义的联系。换句话说，我们生来就有能力照顾他人，因为这有助于我们和我们的生存。

发展这些技能的途径已经根植于我们的大脑中；然而，它们的健康发展依赖于多种因素。正如我在前文提到的，当婴儿受到照顾、触抚、注视以及有人对他们说话时，其中的一些路径就需要被打开；这就是健康依恋的本质。

拉冯：利用焦虑来造福社会

好消息是，随着时间的推移和经验的积累，可塑性极强的大脑会使我们发展出多种社交技能。拉冯在亚特兰大市郊的一个中产阶级家庭长大。他既不是学校里最穷困的孩子，也不是学校里最富有的孩子，他的四口之家用爱、支持和亲密的联系弥补了经济上的不足。拉冯的父母一直很相爱。他们是彼此最好的朋友，从不羞于当众表达感情，他们都需要工作，在才干和抱负上互相支持，并都强烈希望能最大限度地利用家庭时间。他们对两个孩子也表现出了同样无条件的爱和支持。作为父母，他们虽然严格，但会经常默默关爱孩子。这个家里有过争吵和分歧，甚至也有针锋相对的时刻，但他们会很快原谅彼此，更多的时候，他们的家中充满了家人和朋友的笑声。

拉冯比姐姐小两岁，是个容易紧张的孩子。他总是静不下来，有时这样会让父母很生气，也会让他在学校陷入麻烦。三年级时，他接触了篮球，并开始每天连续几个小时地出去打球。在球场上，他不仅表现得很好，而且他的那些"紧张不安"也会平静下来。显然，运动和对比赛的专注平复了他的神经系统，解决了他的坏焦虑。

高中时期，拉冯开始为比赛而活。他热爱比赛，也喜欢自己是球队的一员的感觉。积极的团队精神、队友之间的情谊以及对这项运动的热爱让他成长。球场上偶尔也会爆发分歧，但拉冯总有办法迅速化解这种局面。他能公平地对待发生分歧的双方，从不偏袒任何一方，以此平息分裂的团队，让队友们互相让步。他是一个极具团队精神的人，很快就被其他球员视为了领导者。

高中毕业时，尽管拉冯做了最大的努力，但还是没有赢得州冠军，不过他获得了一所不错的大学的篮球奖学金。尽管拉冯不是学霸，但他一直都是个好学生。进入大学之后不久，他就几乎每天都去进行篮球训练，再加上新生的学习任务重，他在课堂上举步维艰。在球场上的信心渐渐不足以让他控制自己的焦虑了。他的注意力变得支离破碎，他觉得自己总是很紧张。他的成绩比平均分低，常常纠结自己到底属不属于这里，因此变得更加心烦意乱。他开始远离队友，质疑打球是否是值得的。

拉冯知道自己在挣扎。但后来发生了一些事情，改变了他的生活。他听到自己的内心有一个小小的声音在催促他伸手求援，他决定听从这个声音。他第一个联系的是篮球队的一名教练。菲利普斯教练给予了他极大的支持。他听了拉冯面临的挑战并意识到，拉冯需要寻求学业上的帮助，而他的完美主义倾向阻碍了他去求助。教练把他介绍给学校的一位指导老师，他帮拉冯想出了更有效的学习策略，以适应他紧张的篮球训练日程。

菲利普斯教练同样明白，他需要让拉冯感觉自己是球队中重要的一员，事实也正是如此，这一点极为重要。他和拉冯保持着密切的联系，以确保拉冯对球队有更好的归属感，他甚至要求另一位名叫"阿尔伯特"的队员鼓励拉冯一起出去玩玩。拉冯向阿尔伯特提起了自己的挣扎，然后他发现，阿尔伯特在大一时也有过类似的经历。拉冯终于意识到，自己是有可能解决眼下的问题的，并且有各种支持帮助他完成这项任务。

大学毕业几年之后，拉冯经常回想起那些帮他度过那段艰难时光的人，他们是多么可贵啊。他看到了寻求帮助的力量，并意识到自己也想用这种方式帮助其他人。他想利用自己的领导力和团队合作能力去帮助其他人，他甚至想为这个世界做一些善举。他正在学习如何通过好焦虑来最大限度地提高自己的社交技能。

大四的时候，拉冯开始为当地的国会候选人工作，他听过这个人的演讲，也相信这个人的承诺。很快，在即将到来的选举期里，拉冯成了这位候选人的得力助手，他就是为政治而生的。他喜欢与人交谈，喜欢分享自己的故事和见解，尤其喜欢与持中立或反对意见的人交谈。他有一种天赋，无论对方是什么人，抱持什么样的观点，他都可以与之进行公开讨论，他从不回避这种场合，反而乐在其中。他不一定非要在与别人的对谈中"赢过"对方，这就是同理心在起作用。

从拉冯的故事中，我们可以得到两个启示。首先，拉冯的生活中有很多可供借鉴的、积极地进行社会互动的榜样——带着爱意和尊重交流的父母、友爱团结的篮球队。然后，他认识到了这些技能在生活中对他的作用——它们缓解了他内在的"紧张不安"；也是队友和教练给了他积极的反馈，这有助于增强他在遇到挫折时向他人求助的勇气和坚持下去的动力。其次，正是因为他知道这些工具能够为他所用，所以当他需要帮助时他能够主动使用它们，及时伸手求助。所有老师都会告诉你，寻求帮助不仅是一个好学生的标志，也是成熟和有毅力的标志。虽然这个想法乍一看，似乎是个常识，但实际上在西方世界并非如此，西方文化植根于自力更生这一观念，非常强调独立，人们往往会抱着"不知道为什么，需要帮助听上去就很糟糕"这样的想法，好像寻求支持是一种软弱的表现。然而科学表明，事实恰恰相反：寻求帮助是一个人社交技能强大的标志。

拉冯的焦虑让他注意到自己对学业成绩以及篮球队成员角色的不安全感。在这个故事中极为重要的一点是，拉冯意识到，他的焦虑并不意味着自己是个失败者，而是意味着他需要寻求帮助。他充分利用了自己的好焦虑，超越并发展了自己的社交自信和同理心。他将其变成了一种更广泛的同理心，并找到了一种方式，让他不仅能做最真实的自己，也能与他人建立真实的联系。

可以学习的社交商

亚当是一个独生子，害羞而内向。从他还是个小宝宝的时候起，他就喜欢紧紧黏着妈妈，一看不见妈妈就会哭。随着年龄的增长，他虽然变得更有冒险精神了，但他依然是一个安静的小男孩，说话轻声细语的，在社交场合显得局促而焦虑。他的父母沉默内敛，没有什么社交活动，所以亚当几乎没有学习社交商的机会。

亚当的朋友虽然不多，但他热爱一切类型的动漫。他想象力丰富，总是沉浸在自己创作的故事中。他喜欢画画并给它们配文，创作给他生活的很多方面带来了积极的影响，这绝非一种巧合。

在高中和大学时期，亚当平日里就是写写学校论文，偶尔也会和一些点头之交聚一聚，但总的来说，他的大部分时间都是独自在电脑前度过的。大学毕业后，他开始做自由软件开发，主要也是他自己一个人工作，不需要与他人联系，这看起来似乎很适合他。每隔一段时间，他会去约会，但他从来不觉得自己知道自己在做什么。他也不确定这些女人中有谁会想和他建立长期的关系——难道他不是一个无聊的人吗？

有一天，亚当被解雇了，但并不是因为他自己的错，这引发了他对金钱的强烈担忧，由于没有人分享他的恐惧，这种担忧变得越来越严重。他知道，如果告诉父母，他们一定会反应过度，那只会让自己的感觉更糟。他不想成为任何人的负担。他很快发现，长时间以来，自己第一次感受到了极度的孤独。写作一直是他的心灵慰藉和快乐之源，但这次却无济于事。孤独感把他吓坏了，他不知道该怎么办。

　　他一直渴望能有更多的社交生活和朋友，但他总是觉得焦虑和不安，因而对此无能为力。关于这一点，他读过的一篇文章建议他从他热爱、擅长并且喜欢谈论的东西开始建立他的社交基础。他现在只有一个选择：自己的作品。他想象自己聊着动漫创作、制作过程以及他最喜欢的艺术家的画面。然后他有了一个主意：他要去上一门教授动漫的课程。

　　这门课程奇迹般地改变了亚当。突然之间，每周他都要去一个地方，在那里他不仅渴望分享和提问，还渴望与人们互动和学习。这可能是他有生以来第一次如此轻松地与陌生人交谈——他们主要谈论各种各样的动漫模型。这很有意思，也很简单，因此当他开始与陌生人聊天时，他没有像往常那样焦虑。

　　他意识到，这些社交技能真的很有帮助。在上课时，他几乎或完全不怕与同学们互动，事实上，他很期待每周的课程。后来，当他真的在社交上取得进步时，他开始注意到，自己在那里如此自在的原因之一是，班上很多想成为艺术家的人都与他一样——安静、害羞，脑子里有很多话要说但不知道如何大声说出来。他意识到自己不仅对这些人的处境了然于胸，而且清楚地知道该做些什么才能帮助他们：耐心一点，从小事做起。他开始扮演起老师的角色，发现回答问题的时候即使只说一个词对他们来说也是一个很好的开始；下课后，在没有那么多人注视的情况下，他会试着与其他同学进行对话并鼓励他们参与对话，因为这时候展开对话对他们来说更容易一些。亚当学到的最重要的一课是,同理心是他焦虑的终极解药。

亚当是不是突然变得没那么内向了?不是的,他会变得外向吗?不会。但他已经明白了,自己在社交群体中寻找自己的位置的焦虑,是可以用应对其他焦虑的工具来缓解的。讲故事和动漫给他带来了欢乐和解脱;意识到这些兴趣爱好同样可以给他人带来欢乐和解脱后,他找到了一条融入这个社交群体的方法。更重要的是,亚当的同理心让他认识到,与焦虑做斗争的人不止他一个;他和这些人分享了自己的应对策略,对这些也在努力寻找自己的社交群体的人来说,他的同理心无疑是一剂强心剂。亚当认识到他们有着共同的痛苦和兴趣,他班上的每个人也都从这一认识中有所受益。对于自己的不适,他只是更适应了。之所以能做到这一点,是因为他认识到,同理心激活了自己的社交智力,这给了他足够的信心来改变自己与他人的互动。通过这种方式,亚当的焦虑让他进入了一个奇妙的世界,让他拥有了本不可能拥有的体验。

同情心的超能力

同理心令人惊奇,但还有一种更令人惊奇的能力——同情心。从某种意义上来说,同情心是焦虑最"简单"的超能力。你可以对所有引发你个人焦虑的因素表示同情，这会同时减轻他人和自己的焦虑。

我将同情心视作对类固醇的同理心。同情心始于我们对自己的行为、思想、语言以及与他人沟通的方式会产生的影响的觉知，无论我们是否看到这种影响。一个不超过几秒钟的简单动作就能给别人带来安慰。

你不必总是表现得富有同情心，你可以从小事做起。你要注意你的焦虑在什么时候吸引了你的注意力。然后，你可以把生命中的这些时刻作为向他人伸出援手的起点。如果你是一名新员工，你在工作中感到焦虑，那就花点时间和其他新员工谈谈，让他们轻松一点。如果你在平衡孩子和工作时遇到了困难，那就花点时间给你圈子里的其他新手爸妈一些鼓励。请花一点时间，想象一下其他人可能正在努力解决的问题，想象一下他们遇到的和你一样的挑战或担忧，这会给你带来巨大的解脱感。

如果你对社交感到焦虑、尴尬或畏惧，你要知道你有这种反应非常正常。不管表面如何云淡风轻，在社交场合中，很多人都需要应对内心的焦虑。但正如你所看到的，我们其实有可能锻炼我们的社交肌肉并用它来增进人际关系——你的焦虑给了你一些线索，让你明白别人可能会感激你提供的破冰方式和强心剂。真正倾听你的焦虑在你感到不确定或不安全时向你发出的信号，并向与你同病相怜的人伸出援助之手，以此训练你的同理心。记住，是你内在的某种东西将焦虑转化为同情心的——事实上，这正是你的焦虑存在的意义。同情心和同理心齐心协力，可以缓解你的坏焦虑。你可以利用焦虑让自己变得更加外向。这样做的结果是什么呢？对人类同胞、其他物种和地球的同情心将会得到传播！

9

提高你的创造力

人们往往会将创造力描述为一种大多数人都不具备的天赋，只有少数人才可以拥有。人们说它神秘、抽象且不可知——这就是为什么我们会觉得它如此令人激动。以前，说到创造力，我想到的是毕加索或者塞尚那令人惊叹的画作、弗吉尼亚·伍尔夫那华美的散文、弗兰克·盖里那令人叹为观止的毕尔巴鄂古根海姆博物馆，或是欧洲文艺复兴时期超凡的大教堂。像玛丽·居里、爱因斯坦或是近代的玛丽-克莱尔·金（Mary-Claire King）（乳腺癌基因的发现者）这样的科学家，其创造性天赋也让我触动不已。乔尼·米切尔（Joni Mitchell）、巴赫、Lady Gaga 和詹姆斯·泰勒（James Taylor）的音乐同样让我为之鼓舞。是的，创造力似乎只属于艺术家和天才。但和许多人一样，我完全错了。现代的创造力概念表明，它是人类大脑的一种基本能力，不仅像艺术杰作一样可以广为传播，而且相当普通。当我们解决一个难题或问题时，当我们想出一种新的织毛衣或在院子里堆木头的方法时，我们所锻炼的就是创造力。创造力包括解决问题、发明、洞察力和创新。它可大可小，一直是人类富有的一种与生俱来的能力。

　　坏焦虑会让我们陷入一种对自己的表现有害而非有益的思维模式，同样，我们都知道，坏焦虑也会压制创造力。作家思路中断就是一个典型的例子。但是，焦虑真的会阻塞创造性思维的神经通路吗？还是说，焦虑的身体状态会以种种方式冻结我们的思维，无论是创造性的还是非创造性的？焦虑是如何激发创造力，焦虑是如何让人们深入挖掘自己、展现自己的另一面的，对此人们往往存在误解；创造力会给我们提供一种处理消极情绪（包括焦虑）的方式。再一次重申，焦虑为我们提供了一种重新理解创造力的方式，通过这种理解，我们创造出了应对焦虑的新方式。

焦虑如何压制创造力？

　　米凯拉总是在截止日期前完成任务。作为一名自由撰稿人和作家，她总是孜孜不倦地工作着，不停地处理她能力范围之外的写作项目。她认为自己的超压力模式只不过是生活的一个简单现实，相信追赶截止日期是自由职业者生活方式的一部分。她总是担心自己付不起账单，更不用说存钱以备不时之需了。

以这种方式生活正在让她付出代价。她最近被诊断患有桥本病，这是一种影响甲状腺的自身免疫性疾病。甲状腺功能失常会让人疲劳、易怒和焦虑。在过去的几个月里，她确保完成工作的唯一方法就是午睡，并在晚上 8∶30 前上床睡觉。然而，尽管有午睡，她的工作质量并不高；她虽然按时完成了项目，但做得并不出色。她和男朋友也分手了，她觉得所有关系都超出了自己的能力范围，所以把社交活动时间降到了最低限度。她的生活已经只剩下工作了，全然没有娱乐。

米凯拉的医生给她开了甲状腺药物，然后明确告诉她，如果她控制不了自己的慢性压力，她可能还会出现其他疾病。这个威胁引起了米凯拉的注意。她意识到自己需要立即改变生活方式，所以她调节了饮食，增加了锻炼和冥想。在一位营养学家的建议下，她还开始服用一种名为 γ - 氨基丁酸（GABA）的补充剂，这种补充剂已被证明可以改善情绪和减轻焦虑，她还开始对压力是如何引发桥本病的进行了研究。她知道了慢性压力是如何以多种方式耗尽脑-体系统的：当肾上腺释放过多皮质醇时，重要的大脑区域会受到负面影响，包括海马、杏仁核和前额皮质（正如前面的章节中所说，慢性焦虑会耗尽这些重要大脑区域的神经发生[1]）。身体也会受到慢性高皮质醇的影响，这会增加高血压、糖尿病和心脏病的可能性，同时增加自身免疫疾病的易感性。

当我见到她时，我们讨论了她应对压力的方式。对米凯拉来说，要控制自己的压力反应，就要靠近焦虑，而不是远离焦虑。这让米凯拉开始思考一些对她来说至关重要的问题：她想永远做一名自由职业者吗？她是需要能够自由地安排自己的时间，还是需要一份有薪水的稳定工作给她的安定感？她一直认为自己需要自由职业者的生活方式，这样她才能富有创造力和效率。但现在她的想法改变了：对金钱的持续性担忧和不停地找工作，显然成了她长期压力的一部分。也许经济上的稳定真的能减轻她的焦虑呢？当她的焦虑回到对自由职业与稳定收入的矛盾情绪上时，她受到了很大的启发，并开始思考如何改变自己的生活方式。

米凯拉开始重新思考，并申请了几个可以居家办公的撰稿人职位。其中有一个工作的内容对她来说虽然不是那么激动人心——这是一本专门介绍小猫小狗的杂志，但报酬很高，并且会让她拥有稳定的日程和收入，这样她就能更有安全感了。她决定去试一试。不到一个月，她就不那么焦虑了。事实上，她感觉自己的精力更加充沛了，一部分是因为药物的作用，一部分也是因为她的生活更平衡了。她发现自

---

[1]　细胞生物学名词，指动物早期胚胎中外胚层向神经系统的分化。

己有了多余的精力，于是开始投入到个人的写作项目中去。一开始，她只是在每天早上写点日记。后来，在读了朱莉娅·卡梅伦（Julia Cameron）的《唤醒创作力》（*The Artist's Way*）后，她开始写三页纸的日记，此外没有别的具体安排。慢慢地，三页日记变成了五页、六页。很快，一部小说的大纲就完成了。

米凯拉对金钱的担忧加剧了她的高度焦虑，使她无法实现创作小说的雄心壮志，甚至让她患上了疾病。她一直没有动力真的做出积极的改变，直到焦虑到了让她无法忽视的程度。当她退后一步，仔细审视自己的生活和习惯时，她意识到自己不想接受那种被焦虑和自身的免疫疾病所限制的生活。长期以来，她忽视了自己对金钱的焦虑，以至于它变成了一场备受关注的健康危机。到了这个时候，她才理解了焦虑的意义——她需要重新审视自己对自己说的话，并做出一些改变。做一份全职工作意味着她要进行新的尝试，但这也让她过上了一种她更想要的生活。

最终，米凯拉能够以一种创造性的、有意义的方式重新利用她的精力。这是她的故事中最棒的部分：她总是把自己的写作和有报酬的写作分开，但当她重焕活力时，她发现这种错误的区分只会加剧她的焦虑。她还意识到了另外一个好处，这个好处似乎改变了她的生活：她的焦虑得到了控制，使得她现在不仅有精神和情绪空间，还有体力，去更有创造力地工作。这是最好的礼物。

米凯拉的故事不仅说明了我们有改变行为的能力，也强调了创造力是一种转化和治愈之源的力量。甲状腺疾病将永远伴随着米凯拉，她必须时刻注意自己身体过度的压力反应。然而，现在她知道该如何去管理自己的压力反应了，也能够管理自己的焦虑了，她的创造力已经成了能量、平衡和幸福的源泉。

他们的创造力有哪些特质？

我想你可能会说，我必须承认自己确实很有创造力。几年之前，我绝不会这么形容自己。但研究和我自己的经验都证明我错了。我们都可以有创造力。同时，有意思的是，你要记住研究人员用哪些特质来界定一个人是不是有创造力，就好像的确存在一些与创造力有关的、可定义的个性或气质特质。

研究表明，有创造力的人会表现出如下特质。

▶ 能够容忍模棱两可。

▶ 坚持不懈。

▶ 对社会认可相对不感兴趣。

▶ 对新体验较为开放（即愿意尝试新体验）。

▶ 不怕风险。

　　有些人确实天生就有这些气质特质，但有些人，包括我在内，会发现自己只具备了其中不到一半的特质。只有具备所有这些特质的人才拥有创造力吗？还是只具备其中一些就可以了？

　　在这里我想表达的是，关于创造力有许多误解，其中之一就是，你需要具备有创造性的个性才能具备创造力和进行创造性思考，或才能将创造性思维作为解决问题或创新的工具。但是我们要知道，能够激发创造力的思维模式是可以学习的，请考虑下面每一种特质以及你可以选择的可能性。

▶ 能够容忍模棱两可：这难道不像在面对焦虑等令人感到难以承受或痛苦的情绪时，变得更加自在了？

▶ 面对障碍或失败，也能坚持下去：这难道不是在培养一种积极的思维模式，遇到困难时选择继续努力，并利用反馈再试一次吗？

▶ 忽视潜在的社会指责：这难道不是一种为自己着想，并在需要时寻求帮助的意愿吗？

▶ 对新体验或行为改变采取开放的态度：这难道不是认知灵活性的本质吗？

▶ 走出舒适区，在没有成功保证的情况下尝试一些事情：这难道不是一种参与、学习和享受一项活动的渴望吗？

　　为什么我认为采取一种创造性的方式生活对我们有益呢？因为它增强了我们的灵活性、开放性以及对学习和成长的渴望。我们所有人都有潜力发挥创造力，并利用这种创造力来管理焦虑的消极方面，引导焦虑的积极方面。归根结底，这需要我们培养好焦虑所带给我们的技能：积极的思维模式、将注意力集中在特定目标上的意愿，以及尝试的勇气。这也提醒了我们，学习如何容忍这些消极状态的重要性，这不仅仅是为了激发创造力，也是为了帮你将焦虑转化为一种超能力。对我来说，在很长一段时间里，我都无法忍受太多的反对意见。在前进之前，我总是会去寻求认可和支持，在某种程度上，这让我走上了一条积极而富有成效的科学道路，但这也可能阻碍了我在其他领域取得更具创造性的发现。对我来说，我必须达到一种资历水平，即其他人都要来寻求我的认可，我才能意识到，无论是什么人碰巧拥有这种资历，其都不一定是最好的导师——也许最好的导师会是团队中的新人，因为他们有真正有创意的想法可以分享。这真的帮我克服了对社会认可的依赖。失败教会了我如何改进工作；比如我在一个新产品的首次迭代中收到了一些负面评价，这些评价就非常有助于我迅速从偏航的轨道转到正确的轨道上来。失败是过程的一部分；反馈会让我们进步。我并不是要刻意寻找那些负面的评价，但它们可以帮我们打磨自己的想法或产品，这是任何好评都无法做到的！

那么，什么是创造力？

　　关于创造力，这是我见过的最好的一个定义：创造力是"做出既新颖（即原创的、让人意想不到的）又合适（即有用的、适应相关任务要求的）的工作的能力"。虽然我们对创造力的科学研究仍然处于早期阶段，但是对任何一种创造性活动所涉及的一些潜在的神经通路和过程，我们正在逐渐达成共识。在我们研究大脑内部结构之前，让我们先对创造力下一个明确的定义。

　　正如一位科学家所说，创造力"本质上是一个达尔文式的过程"，因为它需要我们不断去选择那些合适、相关或有用的新想法。爱因斯坦的相对论新颖吗？绝对新颖！它有用吗？非常有用！一位失业的时装设计师发现，她可以在新冠疫情期间利用"空闲时间"做口罩，而不是时尚的 T 恤和围巾。这件事新颖吗？很新颖！它有用吗？毫无疑问！创造力激发了科学家利用 T 细胞的力量，并将其转变成癌细胞的杀手，创造力促进了嘻哈音乐与美国历史的融合，创造了现象级的音乐剧《汉密尔顿》（*Hamilton*）。我们要让思维游离于熟悉的事物之外，这样就可以激发出创造力。

　　从神经科学的角度来看，创造力是一种信息处理形式，可以是情绪上的或是认知上的，也可以是刻意的或是自发的。

▶ 当问题的解决方案出现时，自发而成的洞察力或顿悟体验。

▶ 经过坚持和努力（即刻意的），你获得的新理解或建立的新联系。

　　通过下面的例子，我们可以认识到创造力是如何出现在现实生活中的。一位在野外工作了三年的人类学家需要采访研究对象并回顾冗长的研究文章，她可能不会认为这种漫长的日日夜夜、这种艰巨而又机械的记笔记并将音频转变成文字的工作是一个创造过程。但是，当她坐下来开始整理笔记，从各种采访中梳理出主题时，这个思考、得出联系和结论的过程就是一个创造过程。是努力、坚持和研究促成了这种联系和见解的形成。

　　我的朋友、创造力专家、《火花：创造力是如何工作的》（*Spark: How Creativity Works*）一书的作者朱莉·伯斯坦（Julie Burstein）认为，创造力不是只属于少数人的能力，而是我们都可以发展和培养的能力。她说，我们都可以激活这种能力，如果我们：

▶ 关注我们周围的世界，对新的思维和存在方式保持开放的态度。

▶ 拥抱挑战和逆境，学会如何突破我们感知到的极限。

▶ 尽情努力，肆意享受。

▶ 知道在人类的生活中，不可避免、最为困难的情绪体
　　验会激发我们的创造性表达。

　　请注意，在这些旨在提高创造力的建议中，有一半侧重
于挑战或困难的情绪体验，而另一半（例如，增强注意力并
顺其自然）则需要我们感觉足够放松，而不是被太多的刺激
或唤醒所抑制：本质上，我们的认知功能要处于好焦虑的状
态。有趣的是，即使是坏焦虑也能导致不一样的结果。在我
们不可避免的挣扎中，压力、痛苦、恐惧和不适往往会成为
我们寻求解脱的动力，成为我们需要的某种解决方案或是我
们为什么感觉不好的答案。这些消极情绪可能就是创造性见
解或创作的宝贵原料。要想在思维模式、产出和表现上拥有
超能力，就需要我们把坏焦虑转变为好焦虑。我们开始理解
创造力的超能力（至少其中的一部分）是需要通过一个人与
痛苦的情绪做斗争才能获得和激发的。

　　对于如何研究创造力，以及如何将其过程追溯到功能路
径或结构区域上来，科学家和理论家存在很大的分歧。事实
上，正如两位主要的创造力专家在他们最近对创造性思维的
综述中所说的："我们无法依靠某一种认知或神经机制来解
释爱因斯坦或莎士比亚非凡的创造力。"

　　我的观点是什么？我认为，创造力在很多方面都很特别。
创造力是我们努力处理情绪的产物。所以，让我们先来看
看，关于创造力的大脑基础我们有何了解，然后再来探索如

何利用好焦虑和坏焦虑来提高我们充分发挥创造力和扩展生活的能力。

创造力出现在大脑中的什么地方？

虽然一开始神经科学家认为前额皮质是创造力在大脑中的"座位"，但我们现在知道了，大脑的许多区域都与创造性思维——抽象思维、自我反思、认知灵活性、心智化和同理心、工作记忆以及保持和引导注意力——有关。这些离散的处理认知和情绪的方式在不同的创造性任务中会重叠和相互作用。

所有左撇子都知道一个古老的笑话："如果右脑控制身体的左侧，那么只有左撇子被正确的大脑控制着。"长期以来，右脑（指大脑的右半球）一直与激情、情绪和缺乏逻辑联系在一起。我们也知道，负责语言、分析、逻辑和实践思维的是左脑。你可能会惊讶地发现，创造力既不在大脑的右侧，也不在大脑的左侧。关于创造力的神经基础的最新研究表明，创造过程涉及广泛的大脑区域网络。创造性的火花——也就是"啊哈"时刻——似乎发生在一个特定的大脑区域，即大脑右侧颞叶的前颞上回。

神经科学家已经确定了产生创造力的三个主要的大脑网络。其中一个你已经非常熟悉了，即执行注意力网络，以集

中和组织我们的注意力而闻名。另外两个网络——突显网络
和默认模式网络（DMN）——也有助于我们理解涉及创造性
思维不同维度的、自上而下和自下而上的大脑处理方式之间
的诸多互动。

执行注意力网络。在第 7 章，我们已经讲过执行注意力
网络位于前额皮质，负责管理抑制性控制、注意力和工作记
忆。这三者都是集中注意力和保持专注的必要条件，在创造
过程中也发挥着重要的作用。前额皮质的另外一个关键功
能——认知灵活性——也是创造力的核心。这部分的执行功
能让我们能够以新的方式去看待问题，尝试新的策略，从而
找到新的解决方案，并在思维上取得突破。认知灵活性对创
造性地解决问题必不可少。

突显网络。与创造力有关的第二个大脑网络被称为“突
显网络”。这是一个广泛的大脑结构网络，可以监控外部事
件和内部想法，并允许大脑根据手头的任务在两者之间进行
切换。涉及该网络的区域包括背侧前扣带回（位于前额皮
质），以及前岛叶皮质。它还包括杏仁核、腹侧纹状体、背
内侧丘脑、下丘脑和部分纹状体。创造性思维的特点是能够
灵活思考，并在想法、感觉、外部刺激、记忆和想象力之间
来回切换。当突显网络受到好焦虑的刺激时，它允许在可以
被认为是创造性灵感的内部来源和外部来源之间快速切换。

默认模式网络（也称为“想象力网络”）。创造力涉及的
第三个网络是默认模式网络。历史上，大脑的这一区域一直

与走神有关。只有当我们的大脑处于休息状态，而不是专注于某一项特定的任务时，大脑的默认模式网络才会启动，然后思绪开始漫游。这一网络是焦虑可好可坏的一个很好的例子。当默认模式网络使我们陷入无法停止或反复地去想某件事情的状态时，就会加剧焦虑；但当你意识到默认模式网络并用它来进行头脑风暴时，焦虑就是积极的，可以变成创造力和想象力的原料。事实上，最近的研究表明，与创造力较差的人相比，创造力较强的人的大脑会表现出更差的注意力。当使用功能磁共振成像进行研究时，这种状态会呈现出跨越许多通路的不同而扩散的活动模式的特点。尽管科学家将这种状态称为"休息"，但它只是从刻意或努力为之的注意力和专注中暂歇了。换句话说，默认模式网络的激活意味着很多思考和联系都是在潜意识中进行的。神经科学家兰迪·巴克纳（Randy Buckner）将默认模式网络描述为参与"基于个人过往经验构建的动态心理模拟，例如用于记忆、思考未来以及想象当前情况的替代性视角和场景的经验"。因此，人类创造力领域的另一位思想领袖斯科特·巴里·考夫曼（Scott Barry Kaufman）喜欢将默认模式网络称为"想象力网络"，该网络还涉及前额皮质、包括海马（对长期记忆至关重要）在内的内侧颞叶以及顶叶等区域。

最近的一项研究证实了这三个网络的重要性。该研究显示，通过这些网络内部和之间的连接强度，我们可以可靠地预测一个人产生原创想法的能力。

解构创造力

本着用简洁、明了、准确、专注和科学的方法提高创造力的精神，我们确定了两种主要的创造力思维：自发的创造力和刻意的创造力。自发的创造力指的是那些似乎无法解释的"啊哈"时刻，它不知道是从哪冒出来的，并且总是与默认模式网络有关。刻意的创造力是一个自上而下的过程，其具有战略性，需要努力为之，并且以解决问题为导向，这就是为什么它会涉及执行注意力网络和突显网络。

在心理学界和化学界有一个众所周知的故事，1890 年，德国著名化学家弗里德里希·奥古斯特·凯库勒（Friedrich August Kekulé）说自己做了一个梦，一个他在火堆前打瞌睡时做的梦，梦里有一条头咬尾巴的蛇，这让他想到了化学元素苯或苯环的循环性。人们通常认为这个故事是自发的创造力的体现。然而，最近的分析表明，当时已经有人发现并提到过苯是一种环状结构，而这个梦只是一种创造性的表达方式，这一发现不应该归功于这个梦。虽然前者涉及自发的创造力，但后者的解释显然是刻意的创造力的一个例子。

我们有必要画沙为界，对这两种创造性思维进行区分吗？我觉得答案是肯定的。就像要创造一个心流可能发生的环境一样，你也必须努力去预见和体验自己在创造力区的释放和参与。是的，顿悟或发明的火花看似唾手可得，但它出现之前总会有某种准备。

创造力允许甚至鼓励我们接纳自己的所有感受，其中也包括焦虑。此外，注意力之所以会被吸引到可能引发我们情绪反应的事物上，焦虑功不可没，而情绪反应是创造过程的重要组成部分。情绪能量，无论是消极情绪还是积极情绪，往往都会成为艺术、写作和音乐等创造性工作的灵感来源。但这些作品的产生也离不开认知。这三个网络的相互作用，以及自发与刻意、情绪与认知之间的实际区别，引出了一个关于创造力的重要观点：不管创造性见解是多么自发或多么需要努力为之，大脑都会利用储存在我们情绪和认知记忆库中的知识。正如神经科学家阿恩·迪特里希（Arne Dietrich）所说："在艺术和科学领域，创造性见解的表达需要高水平的技能、知识和技术，而这些有赖我们不断地去解决问题。"创造力将情绪和认知过程联系在一起，帮我们更自如地应对焦虑；更重要的是，当我们练习把焦虑转变成美好的事物时，创造过程实际上会成为释放焦虑的阀门。

这就解释了为什么某些科学家认为创造过程可分为如下几个阶段。

1. 准备期，沉浸于任务或是对主题或学科领域的好奇心中。
2. 孕育期。
3. 生成解决方案或开始寻找答案。
4. 生成评估标准。

5. 选择、决策或执行。

当你想磨砺自己的创造精神时，请想一想你的好焦虑的唤醒、意识和参与是如何在你试图解决问题，激发自己的好奇心，或激励自己走出舒适区并尝试一些新东西时，帮助你认真思考或接受挫折的。

用创造性思维拥抱焦虑

在某种程度上，让创造性思维得以实现的过程也会让焦虑从坏变好。

▶ 正是认知灵活性使我们能重构某种情况，并减轻生理压力反应。

▶ 正是设身处地为他人着想的能力使我们能想出另一种感知我们的威胁反应的方式。

▶ 正是持续和定向的注意力使我们能增加对焦虑的理解，然后对我们如何应对焦虑施加更多自上而下的控制。

创造性思维不仅强化了我们从坏焦虑向好焦虑转变时的工具，而且当我们处于好焦虑状态时，它也会出现。例如，有创造力的人的大脑过滤外部信息的能力较低；换句话说，有创造力的人不太能保持专注。这意味着什么呢？这意味着，创造性的思考者的思维是发散的和整体的。

有专门研究如何训练发散性思维能力的实验，其结果证明，我们可以"教"大脑变得更具创造力。这是我亲身体会到的。作为一名专业的科学家，多年来，我有一系列创造性见解，对此我感到非常自豪。在这些见解中，有些很实用，有些很深奥（即只有当你多年来一直在研究海马的电生理学时，你才能理解为什么某个见解其实是相当有创意的）。但是也许我最引以为傲的见解，来自我的一个迫在眉睫、让我碰壁的问题。

——⋀——

我身上从焦虑中产生创造力的例子其实是我研究生期间在神经科学研究中最令我骄傲的一件事。首先你要知道，我花了 6 年时间攻读博士学位。我当时研究的是位于海马旁、对记忆颇为重要的大脑区域，我所做的工作非常令人兴奋，但也耗时漫长，十分乏味。我的任务有一半是要将海马旁的这些区域的连接绘制出来；在进行这些研究之前，我们不知道这些区域与大脑的其他部分是如何连接的。我知道我们正在做的实验可能真的很有突破性——我们正在探索一个被神经科学研究遗漏的大脑区域，我们怀疑它是我们理解长期记忆在大脑中是如何运行的关键。但我也知道，如果我没有好的工具来呈现我的解剖发现，以帮助我进行深入的分析，我就永远不可能真正了解我所发现的东西的细节。这可怎么办呢？

我所进行的研究表明，这些以前未被重视的大脑区域不仅与海马紧密相连，密切相关，而且接收着来自整个大脑的广泛输入，并像漏斗一样从整个大脑中收集信息，然后再为海马处理好。为了做这些解剖研究，我在我关注的这些大脑区域中进行了少量离散的特殊染料注射，这些染料最终被输送到了所有其他细胞的体内，而这些细胞又将信息投射到了被注射的大脑区域。在整个研究生时期，我花了数百个小时手动寻找那些被标记的单个脑细胞，并用计算机系统在我绘制的我所研究的大脑薄片的轮廓上标记出了它们的位置。因为我所研究的大脑区域会接收来自整个大脑各个区域的投射，这意味着每个大脑都有数百个薄片需要我去扫描，并在这些薄片上将我看到的细胞一一标记出来。

这花了我很长的时间，但我们有很好的显微镜等设备来帮助我顺利地完成它。我知道，我能否很好地传达我所看到的这些投射的影响，以及它对这些大脑区域的功能意味着什么，这些将决定我的发现的潜在意义。我之前所做的研究采用了一种非常不精确的方式来显示大脑区域和被标记的细胞，这种方式就是绘制大脑表面的常规草图，并对这些标记的大致分布进行"艺术渲染"。但这些图缺乏关于不同细胞层以及不同案例间彼此各异的、美丽而广泛的大脑标记模式的细节。我可以用一种更精确的方式（即所谓的大脑二维展开图）来展示数据，这样会更有希望将我的发现呈现出来。但它是纯手绘的，无法实现自动化。以这种方式手动分析我的所有数据，在没有任何额外帮助的情况下，我觉得我需要八九年的时间才能完成我的研究生学业，这就是以前的科学家选择我上面所说的更具艺术性但更定性的全脑渲染的原因。

我会为此而感到担心和焦虑吗？当然会了！我来读研究生，结果却花了 6 年时间来适应科学研究的模棱两可。我知道自己在和世界一流的科学家合作，但这也不能保证我的博士论文一定就能获得世界一流的发现。

可见的未来几年都是"体力劳动"，这让我进退两难。在这种情况下，我做了自己唯一能做的事情：为了"解决"这个问题，我必须发挥创造力。于是，我花了几周时间思考如何改进这个方法，或以某种以前从未有过的方式使这项工作自动化。我几乎可以感觉到我的执行注意力网络、突显网络和想象力网络在我的脑海中来回传递着这个想法。我没经历过高强度的工作，也并不因为自己成功地从一种方法想到另一种方法而欢欣鼓舞、亢奋异常。我是一名承受着巨大压力的研究生，因为自己数千小时的显微镜工作可能不足以实现我认为应该达成的重要科学突破而忧心忡忡。

有一天，我手足无措，觉得自己越来越焦虑。我开始一个接一个地手动排列展开的大脑区域，这时我产生了一个想法。这些排成一行的大脑区域看起来就像我几分钟前刚刚处理的 Excel 电子表格中的行。事实上，当我把这些区域展平，并将皮质细分成一小块一小块时，我就可以算出每一小块皮质中被标记的细胞数了。它开始看起来和 Excel 电子表格的行和列更像了！那时，我知道如何使用 Excel，却不经常使用它。但我觉得这个想法值得一试。那是在圣诞假期之前，我飞回了位于加利福尼亚州圣何塞的家中，包里装着本Excel 手册，这样我就可以在放假期间研究 Excel 表格，看看能不能用它来帮我实现解剖分析的自动化了。事实证明，Excel 的行和列不仅与我手动创建大脑展开图的方式完全相似，而且我还可以使用它的编程语言创建一个小宏，并根据在那块皮质中发现的被标记的细胞数量来对不同的细胞进行颜色编码。100 个细胞组成的块会被自动涂成红色，而只有10 个细胞组成的块则会被自动涂成灰色。

那年的圣诞节，当我在父母家的客厅里翻着那本 Excel手册的时候，我高兴得蹦了起来。虽然我还没有找到一个完全自动化的系统，但它为我提供了一种新的解释和存储我所有的实验数据的定量方法。最终，在接下来的几年里，我一直在用这个 Excel 表格大脑分析法，实验室的其他成员也一样。这是一次被坏焦虑启发和推动的创造力壮举。但是我也知道，当时的压力是激发我寻找解决方案的动力。现在，我把自己在这个项目中解决问题的过程看作一个明显的范例，其结合了发散性思维、认知灵活性，以及持续的注意力。

——〜——

　　创造力是一种需要练习的技能；它还要求你"跟着"它，时不时地走出你的舒适区。走出舒适区，做一些不确定会不会成功的事情，在这一点上，我最大的挑战是什么呢？我要告诉你——是歌舞表演。我在纽约参加了一个歌舞表演工作坊，工作坊结束的时候，我要在舞台上独唱两首歌，旁边有一支乐队给我伴奏。哎呀！工作坊上有一些学员的歌声非常动人，有一些学员只能说唱得勉强还不错。我完全属于后面这一类。我喜欢所有的练习时间，也喜欢和老师一对一的时间，但是那晚的表演太可怕了！我唱了纳京高（Nat King Cole）版的《带我的宝贝回家》（*Walkin' My Baby Back Home*）和麦可·布雷（Michael Buble）版的《摇摆》（*Sway*）——这两首歌我都非常喜欢。那天晚上我没有获得什么表演奖，但我会永远记得坐在前排左边的那个女人，在我唱歌的时候，她一直在微笑，并用脚轻轻地打着拍子。这可能是我做过的最勇敢的事情之一。我打开了另一个我仍在探索的创造性出口，现在我仍会在他人面前唱歌。

创造力与悲剧鸿沟

　　朱莉·伯斯坦的《火花：创造力是如何工作的》帮助我

以一种更微妙的方式理解创造力。在她这本精彩的书中，她讲了作家理查德·福特（Richard Ford）的故事，这位作家从小就有阅读障碍，所以他只能慢慢地阅读。但多年以后，福特意识到，极慢的阅读速度让他能更深入地欣赏语言的节奏和韵律。事实上他认为，正是他对语言细节的关注让他成了今天的普利策奖获奖作家。

我喜欢这个故事，因为它完美地展示了某些与痛苦、挫折和焦虑（即终身阅读障碍）密切相关的东西，在正确的思维模式下，其实也可以激发创造力。

这种深层的心理或情感痛苦与创造力之间的关系并不新鲜。一些艺术家就深受焦虑和抑郁之苦。请想一想凡·高、安妮·塞克斯顿（Anne Sexton）、米开朗琪罗、乔治亚·奥基弗（Georgia O'Keefe）等艺术家，他们都曾遭受过情感上的痛苦，他们中有的人最终还选择了自杀。虽然我不认为痛苦是成为一名成功艺术家的先决条件，但这些联系值得我们思考。

朱莉说，通往创造力的一个途径就是经受痛苦。她把这种能力比作从悲伤中获得的积极能量、成长和洞察力。她将那些定义抑郁和焦虑的消极情绪视为一个机会，让我们得以体验所有这些情绪，包括黑暗、痛苦、消极的情绪，以及有趣、好玩、快乐的情绪。朱莉提出，通过拥抱悲伤和失去，我们可以遇到教育家帕克·帕尔默（Parker Palmer）所说的"悲剧鸿沟"，即世界上存在的事物与你想要创造的事物之间的鸿沟；这就像你凝视着虚无的面孔，并勇敢地说："我来试试看！"

我看到了对悲剧鸿沟的另一种解释：坏焦虑会引发悲剧鸿沟，并指向我们天生的创造欲望。

正是从朱莉那里，我了解到神经科学家们正在探索的东西：创造力是关于你能控制的东西和你可以放手的东西之间的张力；它关乎努力和毫不费力；它体现了好焦虑和坏焦虑之间的拉扯。它关乎利用焦虑的唤醒、激活和参与，并抵制过多的焦虑、坚持和对我们无尽的担忧的过度思考所产生的过度疲劳。对创造过程（因为它不仅仅是一个过程）的维度的理解，不仅会积极激活你的创造性表达能力，还会让你更多地使用你的大脑，比你自己想象的还要多。

我们可以用痛苦帮助我们创造一些新的、有用的、改变生活的、有意义的东西。这完全取决于我们自己。但这一过程本身最终会是一种宣泄，它会将我们带出自我的局限，并回馈这个世界。

第三部分

好好焦虑的艺术

10

平复、转化和引导焦虑的工具

那么，对于大脑的这种奇妙的可塑性，我们要如何加以利用，并最大限度地发挥它的作用呢？我们如何才能给自己机会，去做其他更积极的选择呢？我们怎样才能更好地管理和引导焦虑呢？

通过前面的学习，你已经知道了大脑是如何工作的，以及当我们经历焦虑并试图避免焦虑时其潜在的网络和交互作用。我希望，对科学家们是如何研究大脑及其交互作用的，以及我们要如何驾驭自己的情绪、反应和行为，使其更好地为我们服务，你已经有了一定的认识。第二部分的所有章节都展示了如何访问和利用焦虑的不同路径来增强我们的注意力，改善我们的表现，提升我们的创造力，提高我们的社交商。当我们把这一切都做得更好时，不仅有利于我们的复原力，让我们能更好地管理焦虑，还能打开通往超能力的大门。

所以，现在是时候把注意力转移到你自己身上了。

你可能会发现，相较于其他能力，焦虑的某些超能力更容易找上你。例如，你可能会发现自己更倾向于利用焦虑的注意力路径来提高效率，因为眼下你真的需要在截止日期前完成任务。或者，你可能会对如何利用焦虑的唤醒来帮助你提高表现感兴趣，甚至会尝到开启心流的滋味。你可能会意识到，你最近如此焦虑和不适的原因之一是你孤独了太久；那么，现在是时候与朋友和家人重新建立联系了。

焦虑的所有路径都将帮助你管理焦虑；它们还能引发隐藏的超能力。但是，让我们先事先为。在接下来的几页中会有一些调查问卷，它们会引导你意识到自己眼下的焦虑体验。这些问卷旨在帮助你专注于了解自己是如何经历焦虑的，什么样的情况通常会引发你的焦虑，以及你通常会如何应对焦虑。这种自我反省的内在过程只是第一步，它不仅会平息你的焦虑，使它不会给你带来妨碍，而且还能激活你的思维模式，使你能够转化焦虑。虽然我们一直都在谈论如何将焦虑由坏转好，但更准确的说法是，将这个过程视作转变你对焦虑的态度的过程。你要注意焦虑所暗示的信息。一旦你获得了这种客观性，你就可以重新评估某种情况、想法或记忆了。有了这个支点，你就可以有意识地选择如何处理这些感觉了。

这种意识是帮助你管理焦虑并减轻其影响的关键，或者如果你愿意的话，它还会帮你引导焦虑。

焦虑的诱因无处不在，而且永无止境，但我们不一定无法避免对这些压力源的反应。我们的确有能力"优化"自己对它们的反应。在这一点上，我希望你能充分利用焦虑的主要目标——向你发送一个警示信号，以防止可能的危险——并引导它对你的脑-体系统的刺激。

随着你越来越能意识到让自己焦虑的常见诱因，你可以选择一种适合你的方式，而不是简单地避开这些诱因。

这些练习实用、简洁且可行。你应该能轻松地选择任何你感兴趣的工具，并从今天开始试一试它们对你的生活是否有效。我们的目标是使用这些工具来管理自己的焦虑，从而让焦虑不再干扰我们的生活，然后再学习如何利用焦虑的能量。最终，这些技巧将帮你把焦虑变成朋友。你要和焦虑成为朋友，像了解老同学一样了解它，这一点非常重要。熟悉焦虑会让你开发出一整套工具，以调节和最小化你的坏焦虑，并将你的坏焦虑转化为好焦虑。你不仅要仔细地关注自己的进展（无论是成功还是失败），还要庆祝所有的成功（无论其是大是小）。

了解你的焦虑

　　每一天，你经历焦虑的方式都在发生变化。现在，为了更清楚地了解你会如何应对和处理焦虑，请回答以下问题。记住，你今天的答案可能与明天的或下周的不同。这些答案绝不是对你的控诉，它们只是供你使用的信息。

　　当你回答这些问题时，试着对自己坦诚一些，并注意自己的情感体验的微妙之处和细微差别。无论什么时候，了解如何识别你的焦虑到底处于什么状态有助于确定你的个人焦虑基线。

问卷 1：你有多焦虑？

下面列出的问题将帮你评估自己现在的焦虑程度。你的焦虑体验会不断变化，所以你可以在任何时候回答这些问题。你所选择的答案（1、2、3、4）就是你在那一题的得分。将所有的得分相加，就能计算出你的焦虑基线得分。

A. 在过去的几周里，你因紧张或担心而烦恼的频率是

1. 一次也没有
2. 几天一次
3. 至少两天一次
4. 几乎每天一次

得分：（　　　）

B. 在过去的几周里，你感到难以放松或享受自我的频率是

1. 一次也没有
2. 几天一次
3. 至少两天一次
4. 几乎每天一次

得分：（　　　）

C. 在过去的几周里，你容易被某种情况或某个人激怒或惹恼的频率是

1. 一次也没有
2. 几天一次
3. 至少两天一次

4. 几乎每天一次

得分：（　　　）

D. 在过去的几周里，你感到害怕，觉得好像有什么可怕的事情会发生的频率是

1. 一次也没有

2. 几天一次

3. 至少两天一次

4. 几乎每天一次

得分：（　　　）

E. 在过去的几周里，你难以入睡或睡眠时间发生变化的频率是

1. 一次也没有

2. 几天一次

3. 至少两天一次

4. 几乎每天一次

得分：（　　　）

F. 在过去的几周里，你暴饮暴食或某种喜爱的食物吃得过多的频率是

1. 一次也没有

2. 几天一次

3. 至少两天一次

4. 几乎每天一次

得分：（　　　）

G. 在过去的几周里，你难以集中注意力或保持专注的频率是

1. 一次也没有

2. 几天一次

3. 至少两天一次

4. 几乎每天一次

得分：（　　　　）

H. 在过去的几周里，你通过使用酒精、止痛药或其他药物来缓解焦虑的频率是

1. 一次也没有

2. 几天一次

3. 至少两天一次

4. 几乎每天一次

得分：（　　　　）

I. 在过去的几周里，你上班、上学或约会迟到的频率是

1. 一次也没有

2. 几天一次

3. 至少两天一次

4. 几乎每天一次

得分：（　　　　）

J. 在过去的几周里，你谢绝朋友或家人共度时光的邀请的频率是

1. 一次也没有

2. 几天一次

3. 至少两天一次

4. 几乎每天一次

得分：（   ）

K. 在过去的几周里，你进行体育锻炼（包括步行）的情况是

1. 在这段时间里，我经常锻炼

2. 在这段时间里，我只有几天没有锻炼

3. 在这段时间里，我有超过一半的时间没有锻炼

4. 在这段时间里，我根本没有锻炼过

得分：（   ）

L. 请用 1 到 10 对你过去几周的整体焦虑水平进行打分，1 分最低，10 分最高

1、2、3、4、5、6、7、8、9、10

得分：（   ）

总计：你在问题 A 至 L 的得分加起来为（   ）

评分解读

12—17 分：你现在似乎不怎么焦虑。

18—23 分：你现在有一些焦虑。

24—29 分：你的日常焦虑似乎越来越严重了。

30—54 分：你现在非常焦虑。

记住，当你第一次回答这些问题时，你会对自己现在的处境有一个大致的了解。我们如何体验焦虑和管理情绪，这个问题的答案每一天、每一周、每个月都会有所不同，这取决于我们的生活中有着什么样的压力源。请温柔地对待自己；这张问卷不是为了评判你，而是一种自我探索。

此外，请不要拿自己的焦虑得分与其他人的做比较。每个人都有自己的焦虑基线。同样是没有在截止日期前完成任务，有的人可能会变得非常焦虑；而有的人则可能会坦然面对，相信自己很快就会完成。每个人来到这个世界上时都有着不同的气质和独特的个性，与我们对压力的敏感性相关的生理基线同样有所不同。好消息是，我们的压力反应是动态的，我们可以改变它。

问卷 2：当你焦虑的时候，你会有什么样的感觉？

弄明白你的焦虑程度之后，下一步请问问自己："焦虑让你感觉如何？"你可能还记得第 2 章的情绪之轮。与焦虑相关的消极情绪有很多，因此能够识别和标记自己的情绪是关键的一步，这会将自觉意识带入你的内心体验，让你学会更好地管理焦虑和其他消极情绪。请圈出下面所有与你的焦虑有关的词语。

▶ 神经紧张。

▶ 心神不宁。

▶ 心烦意乱。

▶ 受到惊吓。

▶ 紧张。

▶ 惴惴不安。

▶ 左右为难。

▶ 忧虑。

▶ 困惑。

▶ 焦躁不安。

▶ 感觉自己像个失败者。

▶ 感到无法胜任。

▶ 悲伤。

▶ 厌恶。

▶ 无聊。

▶ 沮丧。

▶ 愤怒。

▶ 恐惧。

▶ 失魂落魄。

▶ 忧郁。

▶ 恼怒。

当你开始记录自己的压力反应时，请记住这些词语和它们所唤起的感觉。对你来说，哪些词语比其他词语让你觉得更熟悉？有没有其他词语与你可能正在经历的焦虑感有关，但不在这个列表上？

问卷 3：你的焦虑诱因是什么？

在认识到焦虑会给你带来什么样的感受之后，你需要关注生活中容易引发焦虑的因素，这对你同样有益。什么会让你陷入焦虑？是什么构成了让你忧虑的假设清单？通常什么事情会让你感到担心、畏惧或恐惧？

下面是我随便列出的一些焦虑的常见诱因，它们包括：

▶ 财务不安全。

▶ 食物不安全或饥饿。

▶ 友谊或关系上的困扰、分歧或冲突。

▶ 社交焦虑（我适合这里吗？我属于这里吗？）。

▶ 孤独和寂寞。

▶ 爱情或工作失意。

▶ 有失去工作的危险或失业。

▶ 孩子生病或有麻烦。

▶ 年迈的父母生病。

▶ 死亡或失去。

▶ 个人疾病。

▶ 睡眠不足。

▶ 害怕感染流感或其他病毒，或得传染性疾病。

▶ 害怕社交互动。

▶ 害怕冲突。

▶ 害怕医疗干预。

你最担心或焦虑的五个诱因是什么？当你确定了自己

的焦虑诱因后，请把它们记在日记本或手机上，并将它们按照从最令人担忧的（1）到最不令人担忧的（5）顺序进行排序。当然，在五大诱因的旁边，你需要写下最近的情况、想法或记忆是如何唤起你的焦虑的，请尽可能详尽地描述出来。

我的五大焦虑诱因以及它们给我的感觉		
诱因	这让我感觉如何	最近的情况、想法或记忆
1.		
2.		
3.		
4.		
5.		

　　请把这份清单放在手边，不要害怕。这对理解如何使用这个丰富的技术和策略工具箱至关重要。

你的自我安抚

当焦虑或不安时，你通常会做什么来让自己平静下来？请不要过度思考，看一看在下列常见的自我安抚技巧中哪一些让你觉得熟悉？

- ▶ 在一天结束时洗个澡。
- ▶ 和朋友去喝酒。
- ▶ 在回家的路上买一些小吃。
- ▶ 吃甜食，例如糖果、冰激凌或烘焙食品。
- ▶ 冥想。
- ▶ 运动。
- ▶ 和朋友们打电话或视频。
- ▶ 小睡一会儿。
- ▶ 去购物。
- ▶ 独自喝酒。
- ▶ 做做园艺工作。
- ▶ 花时间在户外或大自然中。
- ▶ 烘焙或烹饪。
- ▶ 疯狂地看电视。

为了确定这些应对策略是否对你有效，请参阅第 41 页"积极的和消极的应对策略"。我不是让你去评判自己。相反，你只需问问自己：你应对压力的这些方法对自己有什么帮助？有没有哪个方法会给你带来妨碍或产生副作用？哪一种应对策略对你有效？哪一种应对策略你更经常使用？

建立抗压能力

正如我们所看到的，建立抗压能力需要我们对不适感更适应。如果我们一感到焦虑就试图掩饰，将它推开，或者否认自己的感觉，那么我们就错过了利用它的唤醒和注意力的机会。好的开头是，拥抱我们的感觉，向不适或不安靠近，而不是远离它们。通过让自己承认并接受不适的现实，我们可以做到两件事：①我们会习惯这种感觉，并意识到我们确实可以从中挺过来；②我们会给自己时间和空间，让自己更有意识地决定如何行动或回应。就此，我们建立了一个新的、更积极的神经通路。

这个过程包括四个步骤（其中一个你已经完成了）：

1. 意识到自己的情绪。回忆你最近感受到的一种消极情绪，识别这是哪一种情绪，并让这种情绪包裹着你。

2. 允许自己有不适感。一旦你识别出了这种情绪，就让自己去感受它，以焦虑为例，你可能会焦躁不安，或出现身体或情绪上的不适。

3. 感受这种感觉。让自己对真实的身体或情绪感受保持

开放的心态。允许它的存在，并专注于感受它，不要
退缩或试图否定它。

4. 进行另外一种选择。现在，是时候让你的前额皮质发
挥作用了，请你做出一个有意识的决定，并将这种能
量引到焦虑的六种用途中的一种上。

在你积极地将焦虑转化为有成效的事物之前，你需要在情
感上为这种转变创造足够的空间。练习这些步骤的次数越多，
你在它们的运用上就会越收放自如；很快，当你感到焦虑开
始蔓延并到了一个让你不舒服的水平时，这些步骤就会成为
你的首选策略。

管理自己的情绪

我们不能低估情绪的力量。正如我们所看到的那样，当
我们能够调节或管理自己的情绪，尤其是消极情绪时，我们
所学的并让我们从中受益的、以不同方式处理压力和引导焦
虑的主要方法之一就出现了。下面的问卷简化了管理困难情
绪的两种一般性策略：第一种是重新评估，其显示了认知灵
活性和解决不适的愿望；第二种是压抑，这是一种应对情绪
不适的不良方式。在你回答这些问题时，请对自己坦诚一
些。这不是一个评判你的练习，而是一个机会，它会让你明
白自己在应对焦虑等困难情绪时的准备程度和意愿程度。

情绪调节问卷（ERQ）

情绪调节问卷旨在评估两种情绪调节策略在习惯使用上的个体差异：认知重评和表达抑制。

在下面的每一条表述前，请用1至7七个数字来表示其与自己的情况相符的程度，一点不相符请用"1"，一般相符请用"4"，非常相符请用"7"。

1 _____ 当我想要感受更多的积极情绪（比如快乐或开心）时，我就会改变我的想法。

2 _____ 我会把自己的情绪藏在心里。

3 _____ 当我想要感受更少的消极情绪（如悲伤或愤怒）时，我会改变自己的想法。

4 _____ 当我感受到积极的情绪时，我会小心地不去表达它们。

5 _____ 当我面临压力情景时，我会让自己以一种能让我保持冷静的方式进行思考。

6 _____ 我会通过不表达自己的情绪来控制它们。

7 _____ 当我想要感受更多的积极情绪时，我会改变自己对所处情境的看法。

8 _____ 我会通过改变自己对所处情境的看法来控制自己的情绪。

9 _____ 当我出现消极情绪时，我会确保自己不去表达它们。

10 _____ 当我想减少消极情绪时，我会改变自己对所处情境的看法。

要解释你的结果，首先来看看你是如何回答问题1、3、5、7、8和10的，这些问题旨在了解你重新评估消极情绪的频次或频率。它们也会反映你对积极情绪的渴望。例如，如果你对问题1、3、5、7、8和10的回答得分较高（介于"一般相符"和"非常相符"之间），你就倾向于通过改变对所处情境的看法来管理消极情绪。这表明你的情绪调节能力是良好的或适当的。问题2、4、6和9的得分较低表明，你在面对消极或积极的情绪时不会压抑这些情绪。这也是情绪调节能力良好的标志。

然而，如果你在第一组问题（问题1、3、5、7、8和10）的得分较低，则表明你在管理情绪上存在困难，需要更大的认知灵活性。如果你在第二组问题（问题2、4、6和9）上获得高分，则表明你有抑制情绪的倾向，这也是情绪调节存在困难的表现。

我们未来的目标是：学会如何调节各种情绪，将焦虑由坏转好，并将其用于自己的积极目的上。

平息焦虑的工具

呼吸练习

我见过的最快、最简单、最有效的呼吸冥想法之一来自我的朋友、呼吸 / 冥想专家尼古拉斯·普拉特利（Nicholas Pratley），其步骤如下：

1. 找一个安静的地方坐下。
2. 慢慢地深吸一口气，并数到 4。
3. 屏住呼吸，并从 4 数到 6。
4. 慢慢地呼气，并从 6 数到 8。
5. 根据需要，重复进行 6—8 次以上的步骤。

能供你使用的呼吸练习有成千上万种，其中包括简单的正常呼吸练习，你只要选择其一并专注于练习过程中的细节和感觉就可以了。我想介绍的另外一种呼吸练习是交替鼻孔呼吸练习，在一些瑜伽课上，你常常会看到这个练习。用你惯用手的拇指和无名指按以下方式交替堵住你的鼻孔。首先堵住你的右鼻孔，然后通过打开的左鼻孔吸气并数到 4；接下来屏住呼吸数到 4；然后打开右鼻孔，在堵住左鼻孔的同时慢慢呼气。再接着，从你刚刚呼气的鼻孔开始，再来一次。你可以在谷歌上搜索更多关于这个练习的视频！

把注意力转移到积极的事情上

当你处在一个令人焦虑的环境中时，你可以训练自己把注意力从触发你的因素上移开，并专注于生活中积极的事情。与其把注意力集中在你无法摆脱的可怕的公众演讲上，不如随意地和朋友聊聊演讲的主题，数一数天花板的格数，或者试着记住房间里每个人的名字。你可以留在你目前所处的环境中，但要想办法更熟悉它。这种转移注意力的方法听起来可能很简单，事实也的确如此，但它非常有效，能帮助你管理焦虑。

庆祝胜利

当你应对让自己感到焦虑的情况时，有一个工具非常关键，即提醒自己所取得的胜利。要怎么做呢？请花一点时间回顾一下你在战斗中的每一次胜利，把坏焦虑转化为好焦虑。你挺过来了吗？快来庆祝一下！你是不是已经成功地改变或改善了这种情况，减少了压力？快给自己一点奖励吧——来杯星巴克！

控制处境

记住，你可以控制自己所处的环境，这是避开触发因素，并给自己重新评估的空间的好办法。请控制你工作、生活、吃饭、睡觉和娱乐的环境，你还要控制自己和谁在一起做这些事，这是一种非常有用的方式，可以消除那种你无法控制自己的生活或情绪的感觉。掌控需要你有意识地、刻意地行动，而不是"让事情发生在你身上"。请你想一想这个练习：下次当你发现自己面对某人的坏情绪或愤怒爆发的时候，呼吸一下，提醒自己这个人的坏态度并不是你的问题。这可能看起来过于简单，但每次当你把自己和别人的情绪或情况分开时，都会强化自己的边界。

做好准备

某些情况总是会引发你的焦虑，因此与其花精力逃避或试图逃避（这通常会导致适应不良的行为）它们，不如尝试一个新的策略：未雨绸缪。你面对的未知越少，你就越能掌控局面。例如，如果你不喜欢即兴发言，那么就要保证自己在公众面前所做的任何报告都是准备好并写好了的。你可以花点时间排练，想象自己与同事站在一起或坐在一起时你大声地跟他们做报告的情景。你也可以把你的报告发给主会人，让他们来读。你还可以自己提前读一读，以确保你对它听起来的感觉感到满意。我要说的是，即使在最令人焦虑的情况下，你也总是有选择的余地的，尤其是当你有时间制定战略的时候。这就是真正了解自己的焦虑如此重要的原因，这样你就可以对可能触发你焦虑的、不可避免的情况进行更好的预测，甚至是预见。你准备得越充分，就越能控制自己的焦虑。

发掘焦虑的根源

回到你列出的五大焦虑诱因（详见 226 页），想一想为什么你会有这些焦虑。它们从哪里来？在你的生活中，还有谁也有这些焦虑？在你的生活中，你还在哪里看到过这些焦虑的表现？也许你从父母那里继承了一生担心缺钱的焦虑；也许你的社交焦虑源于小学时的一次令你尴尬的事件。对我们大多数人来说，即使是最常见的焦虑也会在我们的脑海中描绘出一幅特定的画面，或者说，只要我们想得足够久就会想出一个特定的例子，所以现在就让这个例子出现在你的脑海中吧。现在，挑战来了：你能重新构建对负面事件（嘲笑你发言的人）或信念（钱很难得到）的定义，并让它全然改变吗？例如，你能否接受将有人欺负你的负面经历视作一次性的事件，而不是别人永远的谈资？或者，你能树立起"金钱是十分充裕的"的信念吗？虽然和其他工具相比，它可能需要更多的时间才能显示其效果，但即便只是找出了让自己感到焦虑的核心信念，也会是富有成效的第一步。

为大脑而食

研究表明，当饮食健康、营养并保持良好的血糖平衡时，我们更有可能感觉良好，我们的思维会更加清晰。吃是一种自我滋养的修行。此外，不给自己食物、节食或故意制造一种食物上的匮乏感，只会削弱我们的控制感，并加剧焦虑。含有健康脂肪的食物被证明可以让你的大脑平静下来，你需要这些能量来管理焦虑的其余部分。这里有两个简单的策略能帮助你将焦虑由坏转好：①从今天开始增加蔬菜的摄入量，并减少蛋白质和谷物的摄入量；②在你的饮食中加一些有助于提升情绪的零食：三文鱼牛油果吐司，以及带有蓝莓、山核桃、南瓜子、核桃和烤燕麦的格兰诺拉麦片，还有我的最爱——有机无糖酸奶，然后撒上可可豆粒。

调整你的睡眠

睡眠对身心健康处于最佳状态至关重要，但最近的估计显示，约30%的美国人每晚只睡6小时，或者睡得更少。睡眠不足会导致免疫反应受到抑制，压力反应效率低下，血液皮质醇水平升高，情绪管理总体存在困难。所以，许多人都在不断挣扎，以期获得更长或更好的睡眠；也有的人直接放弃了，干脆妥协于现状。虽然关于睡眠以及如何睡得更多的书籍层出不穷，但我发现为自己设定一个特定的睡眠目标，并确保自己成功达到这个目标，这会是颇具价值的第一步。也许你的目标不是睡上8小时，而是7小时良好的深度睡眠。

你的策略是什么呢？请确保自己已经计划好了一天的日程，以保证在这宝贵的 7 小时里，你处于绝对的宁静和放松状态。例如，在 7 小时的睡眠时间前预留出 45 分钟（我知道这可能很有挑战性），在这段时间内，你需要放下所有的电子设备，用自己的上床仪式让身体和大脑准备入睡。你是要喝一杯热的无咖啡因茶，还是一杯温的姜黄奶？你要读一会儿书吗？你是想泡个热水澡还是简单冲洗一下身体？抑或是你想玩一会儿数字填色游戏？请选择一项安静的活动，让身体换挡，为睡觉做好准备。你可能会惊讶地发现，留出足够的入睡时间会对你每晚的睡眠时长产生巨大的影响。

锻炼，直到你冷静下来为止！

什么样的运动能让你获得最佳的自然情绪提升，还能消除焦虑？对不同的人来说，这个问题的答案是不同的。对我来说，答案是 30 分钟的高强度有氧运动或塔巴塔训练[①]（虽然我无法完成训练里的每一步，但我仍然会尝试）。这的确很难，但完成之后我会对自己感到无比骄傲，并且在这一天接下来的时间里，它会一直让我感到兴奋。

现在轮到你了。你的挑战是，找到一种你已经在做的、能最大限度地提升你情绪的体育锻炼方式。竞走？骑自行车？尊巴？瑜伽？探戈？你只需注意哪种运动形式（或哪位

---

① 一种高强度的间歇训练。

鼓舞人心的教练）会让你感觉最好即可，这是一种你可以随身保持的意识。这个方法很简单，在你完成平时的锻炼之后，明确比较一下自己的情绪状态即可。哪一种锻炼方式能最大限度地提升你的情绪？请把它牢记于心，这样到了你真的需要提升情绪的时候，你就知道哪种运动最适合你了。

如果你一直想多动动，但还没来得及开始，那么我建议你选择散步，并记录它给你的感觉。也许你可以比较一下散步 10 分钟和散步 20 分钟的效果——大多数人都能做到这件事。散步后，大部分人的情绪都会受到明显的影响，特别是精力会得到提升，人会感觉更加乐观或积极。如果你对运动的情绪提升和焦虑消除效果很敏感，这个策略就会非常有效，这样你就可以在日常生活中有策略地使用这些信息了。

嗅觉放松

你有没有注意到，特殊的气味会立即把你带到以前的某个记忆中去？嗅觉线索是特别强大的记忆兴奋剂，因为嗅觉是唯一会直接投射到海马的感觉。如果有一种嗅觉线索会让你产生某种特别"温暖而模糊"的记忆，那么你可以去找一找它。是母亲的香水味儿还是父亲的古龙水味儿？是某种你最爱的食物的香气，还是某种特殊的花或香草的气味？你可以找出这些气味，让它们萦绕在你身边，创造出一种暗含温暖而模糊的记忆的嗅觉"场景"。如果你找不到唤起这些记忆的气味，那你可以试试不同的精油，看看它们是否能唤起你那些温暖而模糊的记忆。我一直把桉树精油当作提升剂，把薰衣草精油当作镇静剂。如果这些气味对你也有效，就请用它们来唤起你想要的那种情绪或心情吧（详见下文的快乐条件反射）。

利用好焦虑和开启超能力之门的工具

建构复原力

当你定期训练复原力时，它就会在你需要的时候及时出现。在这个过程中，你会学会欣赏甚至欢迎某些错误，因为它们会给你带来新的信息。

练习乐观主义

如果你想让自己变得更乐观，那下面就是适合你的方法。在每一天的开始或结束时（选择对你来说最适合的时间），请思考一下目前你生活中所有不确定的情况——无论是大是小。那个特别的人会回我信息吗？我会得到一个不错的成绩吗？我的孩子在学校适应得好吗？现在，请你想象每一种情况最乐观、最令人惊奇、最有爱、最可心的结果。我说的不是那种"还可以"的结果，而是你能想象到的最好的结果。这并不是为了让你更加失望，比如如果对方不回你信息的话。相反，此举要培养的是你期待积极结果的能力，甚至可能会为你在如何达到最乐观的结果这一问题上提供思路——也就是说，你可以做点什么，来创造你梦想的结果。

练习发积极的社交动态

林-曼努尔·米兰达（Lin-Manuel Miranda）出版了一本书，内容是他在一天的开始和结束时发的推文。在这本书中，他分享了一些小信息，基本上都是积极向上的，这些信息有趣、平和，且令人愉快。我不知道你的感受如何，但当我看到他的采访时，发现他是一个天生积极而乐观的人，他有着典型的积极的思维模式。"你是怎么做到如此高效和有创造力的？""显然，答案的一部分是积极的社交动态！"我的意思是，你要在一天的开始和结束时提升自己的情绪。在一天开始的时候告诉自己今天你将"击碎"什么，或在一天结束的时候告诉自己今天你的工作完成得无比出色。我知道，对我们这种人来说这可没那么容易，因为我们动不动就会打击自己。请想一想你生活中最好的支持者（你的配偶、兄弟姐妹、朋友、父母、最喜欢的阿姨）会对你说些什么，然后学着对自己说他们会对你说的话，或将这些话发到社交动态上！

突破极限

现如今，加入一个以新的锻炼形式为特色的、新的在线课程或 Instagram 直播活动比以往任何时候都简单便捷。就在几个月之前，当我在报纸上读到温网冠军维纳斯·威廉姆斯（Venus Williams）和她的母亲要在 Instagram 上做一次锻炼直播——用普罗塞克葡萄酒酒瓶做负重练习——后，我就加入了她的直播间。这是一次美妙而难忘的锻炼体验。重要的是，你可以免费或只花一点点钱就上一次健身课，你可以用自己能找到的任何东西来突破自我！你要突破的东西可能会很简单，也可能会很困难，或者刚好就是你目前的水平，抑或是你以前从未做过的；关键是它会迫使你的脑-体系统全力以赴。

沉浸在大自然中

科学已经一次又一次地证明，在大自然中度过时间是一种舒缓和恢复精神的方式。你听说过日本古老的森林浴吗？它指的是穿越森林，就像洗澡一样沐浴在树木释放的氧气中。我家附近没有森林，但我把在中央公园散步视作森林浴般的体验。你也可以在公园找一个安静之处，周围没有那么多人，这样效果会很好。如果你不喜欢森林浴，那就找一个适合你的自然环境待一阵子。呼吸，放松，感受那里的声音、气味和景色。利用你所有的感官来提高对自然世界的意识。这个练习会增强你的整体复原力，因为它可以恢复你的能量，让你重新回到平衡状态。

伸手求援

　　我还记得，刚搬到纽约的时候，经历了一次特别糟糕的分手。我的两个最好的朋友苏珊和约瑟夫，他们是一对夫妻，住在亚利桑那州。当我哭着给他们打电话的时候，他们马上就邀请我那个周末飞去他们那儿。我接受了他们的邀请。我记得当时我感觉自己是这个星球上最幸运的失败者，因为有朋友照顾我。回想起来，和我分手的那个家伙真的不值得我为了他要死要活。但我当时确实处于情绪的低谷，我哭了又哭、心烦意乱，没办法完全控制自己的身体反应。到了目的地，我非常不开心，当我把包从车里拿出来的时候，还不小心把门摔到了约瑟夫的手上。我的朋友正好为一些教职工举办了一个小型晚宴，我也参加了，我相信自己那天能获得有史以来最令人沮丧的派对嘉宾奖。我甚至做不到假装开心——我通常很擅长这么干。现在回想起来，我从那次分手中学到的东西不仅是自己可以挺过那次分手，还有我知道自己有很多珍贵的好朋友。他们收留了我，帮我收拾残局，并且在那里陪着我。正是这一切让我从分手中恢复了过来，我永远不会忘记他们对我的爱。

　　你需要寻求帮助，与朋友和家人保持联系，积极培养能给你支持和鼓励的关系，这不仅会让你远离坏焦虑，还会让你感觉自己并不孤单——在巨大的压力下，这种信念和感觉至关重要，尤其是当你需要依靠自己的复原力来维系你的幸福的时候。当我们经历失去或其他形式的痛苦时，我们会自然而然地退缩。事实上，我们在哀悼同伴的动物身上也看到了这种行为。然而，你也有能力将自己推进那些能帮助你、照顾你的人的爱的怀抱。

————〈〉————

你可以将复原力的建构当作一项实验。问一问自己，你为朋友做的最简单的事情是什么？这件事对你来说很简单，但你知道会给朋友们带来快乐。现在，请你做这件事，并记下它带给你的感受（这是实验的一部分）。所有的神经科学研究都证明，利他主义会产生大量的多巴胺，这使它能够成为有效建构你的复原力储备的有力方式。做一些你觉得轻而易举，但你的朋友会觉得新奇、有趣的事情吧。我们每个人都可以为朋友做一些简单的事情，它们为朋友带去的快乐会远远超出我们所付出的努力（比如烘焙天赋、保养汽车的天赋、让电脑或手机更高效地工作的天赋？）。对我来说，这件事是为我朋友的孩子做羊脑解剖。我可以做得很快，还可以让它变得很有趣，并且我总是能从中获得很多乐趣。我喜欢看到孩子们震惊、惊叹和好奇的反应。利用这个利他主义加速多巴胺分泌的小妙招，我曾在实验室里为朋友们8—10岁的孩子们组织了一个羊脑解剖派对。（当每个人都克服了恶心之后）父母和孩子们都很兴奋，我只需要找到每个人都有空的日子就可以了，而且结束后我往往会得到冰激凌！也许你不擅长羊脑解剖，但你还是可以花些时间想想自己的特殊天赋是什么，然后你可以用它来服务于别人！

提高表现，让自己进入心流状态

熟能生巧

探索熟能生巧的力量。请你把下周的时间花在练习一些你一直想练习但没有时间去练的技能上。试着每天至少练习20分钟，无论何时何地，只要你能找到机会就开始练习。一定要记录自己的练习过程，这样你就可以记下这周练习后的学习曲线和表现曲线了。打肥皂，冲洗，从头再来一遍！

成功，从假装成功进入心流状态开始

这个练习是让心流有规律地出现在你的生活之前，先走进你的生活。换句话说，成功，从假装成功开始！为了让这一招起效，你必须私下进行这一练习，不要让其他人看见并给出任何诸如"有效果了"之类的评论。下面让我们来了解一下它的实施步骤。请选择一项你现在不擅长的活动或技能，但你内心有一个隐秘的愿望——你想把它做得更好。对我来说，这件事是唱歌。接下来，我要找一个私人空间，然后开始尽情地练习唱我喜欢的歌，同时我不能在乎自己唱得怎么样，而是要专注于努力所带来的乐趣。我认为，我们内心的完美主义会让我们将自己的歌声与惠特尼·休斯

顿（Whitney Houston）或者碧昂斯的歌声相比，或是将自己的画作与马蒂斯（Matisse）或巴斯奎特（Basquiat）的画作相比，因此我们的很多心流体验在开始出现前就被我们压制了。这实际上是一个练习，看看你能不能从专注和快乐的参与中创造出心流体验。我保证，如果你经常尝试这个练习，不仅你的假心流会变成真心流，而且你的练习效果也会显著提高。你也可以将这一点用到其他活动上，包括运动（对着墙或者发球机打网球，或在练习场打高尔夫球）、绘画、烹饪、缝纫、磨刀、打扫房间或是驯狗。如果你能通过全身心地享受生活中的活动来产生心流会怎么样？这个练习再加上微流的培养，应该会让你在生活中的心流体验大大增多，就像我一样。

创造新的微流时刻

这里我指的是，你要探索和创造新的、不同的方式来体验微流——那些你感觉与自我同步并清楚地知道自己应该如何体验这一刻的短暂时刻。你要怎么做到这一点呢？从写一两周让自己感觉良好的事情的日记开始。每当你经历一些事情——任何让你感觉良好，感觉被爱、被欣赏或被赋予力量的事情——你就可以把它写下来。现在，请看一看你的日记上都有些什么吧。它们有什么主题吗？在你的生活中，有没有哪些时间或领域会让你产生这些良好的感觉？虽然其中一些可能已经在你的微流日记中出现过了，但有些可能还没有。现在，请看一看你生活中那些让你感觉良好的主题或领域。也许它们与社交或独处时间有关。你可以用这些主题帮你在生活中创造更多的微流体验。你也可以在让你感觉良好的事物中寻找有没有遗漏的。也许这里面没有包括读书、看电影或其他你知道自己喜欢的活动，而它们可能正是你在生活中创造更多微流时刻需要探索的领域。

练习快乐条件反射

我们都知道，在一条特别黑暗的街道上的一次可怕经历（例如抢劫未遂）会让你长时间远离那个地方。这是恐惧条件反射的一个例子，其依赖于杏仁核，坏事发生的地点（那条黑暗的街道）会在这里自动与强烈的恐惧反应联系起来，并且这种联系很难解除。事实证明，杏仁核也能促进我们对积极情绪和情感的条件反射，我称之为"快乐条件反射"。恐惧条件反射已经演变成了一种强大而自动的方式，以保证我们的安全，而快乐条件反射则可以用来扩大我们每天的幸福感（尤其是在那些焦虑程度很高的日子里）。下面就是它的实施步骤。从你过去的经历中选择一段经历，这段经历要满足两个条件。首先，它让你感觉很棒，让你想再重新体验一次；其次，存在一种与这段记忆相关的可重现的嗅觉线索（此处你要利用这样一个事实，即我们对特定气味的记忆是持续性的，因为我们的嗅觉系统和以海马为中心的长期记忆系统之间有着紧密的联系）。

　　我的例子来自我参加的一节特别难忘的瑜伽课。在那节课上，我感觉很棒，我重复地做着上犬式和下犬式，甚至能像专业人士一样自如得进行动作的转换。在那节让我汗流浃背的瑜伽课最后，我安静了下来，开始做瑜伽课中大家最喜欢的部分——瑜伽放松术。当我躺在瑜伽垫上时，教练出乎意料地走了过来，在我的鼻子前挥动着她涂着薰衣草护手霜的手，开始给我按摩，她按摩了 5 秒钟，那是我所经历的让我感到最舒服的颈部按摩。我仿佛置身天堂。我还注意到，此后每当我闻到薰衣草护手霜的香味时，都会很自然地回想起那一刻，这表明我的大脑自动在薰衣草护手霜的香味和颈部按摩——加强版的瑜伽放松术（即快乐条件反射）之间建立了联系。所以，之后当我想要或需要来一点快乐或心流体验时，我只需要做最后一步——拿着一小瓶薰衣草精油走来走去即可，因为只要打开小瓶，我就能重新创造那一刻的体验。你可以用精油或是其他能让你回到美好的记忆中的香味来做这件事。再次重申，如果有基于嗅觉的线索，这么做的效果最好，因为嗅觉系统与海马（创造新的长期记忆所必需的结构）有着特别密切的关系，因此气味很容易与生活中的特定时刻或事件联系起来。你可以探索并利用你发现的记忆，为你的一天带来更多的快乐。用你自己快乐的生活体验来提升你的生活，可能会成为你最喜欢的新活动！

促进积极的思维模式的形成

记录思维模式

现在，请在下表（第249页）记录自己的思维模式。记住，不要对自己做任何评判（这很关键）。然后看看你的清单，圈出上面所有积极的词语。接下来，详述你对自己的积极感受。你为什么会有这种感觉？你对自己的这些特点做何感受？请尽可能深入地理解和欣赏自我评估中最积极的那些地方。如果你清单上的积极词语没有你希望的那么多，请不要害怕！我们来看看第二个小妙招，它可以快速解决这个问题。

改变消极的自我对话

接下来，请你将注意力集中在上面的清单中你对自己最负面的两种感觉上，我们将用积极的思维模式来改变它们。我将列出人们对自己苛刻和失望的两种主要方式，并举例说明如何做出改变。

▶ 我因为自己在职业目标上没有进展而烦恼。

这种常见的烦恼或挫败感可以通过专注于你所知道的自己在职业生涯中做得最好的事情来改变——它可能是建立人脉网、写报告、人事或资金管理。我的意思是，要更深入地挖掘，从而在生活中导致你烦恼的领域里找到富有成效和积极的一面。现在请注意，

思维模式记录表

　　不要想太多，快速写出十个词语用以描述你现在对自己的感觉（例如，沮丧、吹毛求疵、宽容、恼怒、充满爱意、生气、感激等），并写下你有这种感觉的原因。

1.＿＿＿＿＿＿＿＿＿＿＿＿＿＿＿＿＿＿＿＿＿＿＿＿
　＿＿＿＿＿＿＿＿＿＿＿＿＿＿＿＿＿＿＿＿＿＿＿＿

2.＿＿＿＿＿＿＿＿＿＿＿＿＿＿＿＿＿＿＿＿＿＿＿＿
　＿＿＿＿＿＿＿＿＿＿＿＿＿＿＿＿＿＿＿＿＿＿＿＿

3.＿＿＿＿＿＿＿＿＿＿＿＿＿＿＿＿＿＿＿＿＿＿＿＿
　＿＿＿＿＿＿＿＿＿＿＿＿＿＿＿＿＿＿＿＿＿＿＿＿

4.＿＿＿＿＿＿＿＿＿＿＿＿＿＿＿＿＿＿＿＿＿＿＿＿
　＿＿＿＿＿＿＿＿＿＿＿＿＿＿＿＿＿＿＿＿＿＿＿＿

5.＿＿＿＿＿＿＿＿＿＿＿＿＿＿＿＿＿＿＿＿＿＿＿＿
　＿＿＿＿＿＿＿＿＿＿＿＿＿＿＿＿＿＿＿＿＿＿＿＿

6.＿＿＿＿＿＿＿＿＿＿＿＿＿＿＿＿＿＿＿＿＿＿＿＿
　＿＿＿＿＿＿＿＿＿＿＿＿＿＿＿＿＿＿＿＿＿＿＿＿

7.＿＿＿＿＿＿＿＿＿＿＿＿＿＿＿＿＿＿＿＿＿＿＿＿
　＿＿＿＿＿＿＿＿＿＿＿＿＿＿＿＿＿＿＿＿＿＿＿＿

8.＿＿＿＿＿＿＿＿＿＿＿＿＿＿＿＿＿＿＿＿＿＿＿＿
　＿＿＿＿＿＿＿＿＿＿＿＿＿＿＿＿＿＿＿＿＿＿＿＿

9.＿＿＿＿＿＿＿＿＿＿＿＿＿＿＿＿＿＿＿＿＿＿＿＿
　＿＿＿＿＿＿＿＿＿＿＿＿＿＿＿＿＿＿＿＿＿＿＿＿

10.＿＿＿＿＿＿＿＿＿＿＿＿＿＿＿＿＿＿＿＿＿＿＿
　＿＿＿＿＿＿＿＿＿＿＿＿＿＿＿＿＿＿＿＿＿＿＿＿

重点来了。如果你以前的思维模式是"我一直很烦恼，因为我在工作中不能像我想的那样尽快取得成功"，那么就把它改为"我知道，通过专注于我在 X 和 Y 方面的主要优势（从上面的清单中选择），并学习加强我的一些弱点，我就可以在工作中取得成功"。

▶ 我对自己找不到伴侣而感到沮丧。

想想你在一段伴侣关系中最看重的方面。你可能在之前的关系中有过这方面的体验，比如在一段亲密的友谊（像与我一直信赖的朋友宝拉之间的亲密友谊）中，或者在其他人（包括你的父母或其他你熟悉的夫妇）身上看到过这种你欣赏的关系属性。与其关注你没有的东西，不如改变你的思维模式，把你想拥有的关系的主要元素描绘出来。你希望伴侣给你的生活带来什么？在伴侣关系中，你想要什么样的动力？思考你想要的未来关系的主要元素，有助于建立一个强大的框架，让你知道如何去评估未来的伴侣。这种可视化还可以让你摆脱对生活中有价值的东西的缺失的关注，并将你的注意力转移到构建你所寻求的关系的主要元素上来，这样当对的人出现的时候，你就能更快地发现他。

学会感恩

这个工具非常简单，我建议你经常使用它。你可以花一点时间去感激生命赐予你的一切。你要集中注意力，想想那些你认为是理所当然的事情（你要感谢团队中的某个人，她总是会为你提供解决方案；或者你要感谢你的家庭，它每天都会给你庇护）。请试着每个小时都有一个感激的想法，即便微乎其微，例如感激你喜欢的那支钢笔。这项练习还会帮你培养出积极的思维模式，而这将有助于你实现最紧迫、最鼓舞人心、最具启发性的人生目标。

拓展并强化你的思维模式

你锻炼得越多，你的肌肉就会越强壮，你的动作就会越流畅和到位。在许多方面，大脑的工作方式也是一样的——那些神经网络和通路，我们使用得越多，它们就会越强大、越高效、越灵活。正如我们所看到的，思维模式不仅仅是一种开放、灵活和乐观的气质或性格特征。我们都有能力重新训练对自己的看法，使之更以成长为导向。我们要如何强化积极的思维模式的神经"肌肉"呢？答案就是，要尽可能多地使用它。

你要练习从错误中学习，这是"锻炼"你的认知灵活性"肌肉"的最佳方法之一，就像你在学习如何培养积极的思维模式时所做的那样。很多人会记录自己一天犯下的大大小小的错误——对某些人来说，这些错误可能是无数坏焦虑的焦点，并证明了你就是不擅长某些事。但我们不必为这份错误清单而忧心，而是可以利用它为我们带来好处。在一天结束的时候，请有意识地思考自己从某一个失误或出丑的时刻得到的所有新见解和新知识。当然，所有的错误并非都一样，也并不都能为我们提供改变人生的见解。有时候，这种额外的思考可能会让你意识到某件事根本不是一个错误。还有的时候，你会惊讶地发现，不断评估从错误中吸取的教训，会带来很多知识甚至是智慧的小礼物。关于这一点，我最喜欢的一些例子便是，某些不足或匮乏会带来一些新鲜的和意外的东西。这可能很简单，就像是在回球时，你会去留意为什么你总会把网球打进网里一样。起初，你不断地重复同样的错误；无论你多么渴望把球打过网，却始终无法如愿。然后，一位教练向你指出，你的拍面与球的接触方式使球向下扣了，而没有向上飞。你调整了一下，现在球虽然在空中飞过了球网，但因为太高而出了界。于是，你又进行了调整。上了几周网球课之后，你终于明白了要如何握拍和击球，这样你就能控制挥拍和击球的方向了。管理焦虑和打网球非常相似。一旦你确定了自己的目标，你就会不断调整自己的反应，直到你朝着自己想要的方向前进。

　　关于如何从错误中吸取教训，还有一个更微妙、更复杂的例子，那就是我们可能需要重新审视那个我们犯下某个大错的时刻——一个让你窘迫不堪或者你一直在试图忘掉的时刻。在那个时刻，可视化再次成了一个强大的工具。那也许是你在一次工作活动中忘记了老板的名字的时刻。与其带着羞愧和尴尬回忆这件事，我们不如重新回忆它，重新想象这件事如果进展顺利会是怎样的场景——你记住了他的名字，说了一些有趣的话，一切都很顺利。在脑海中重新创造场景实际上是在创造一种新的记忆，这种记忆可以覆盖你对发生的事情的感觉。你改变不了历史，但你可以清除被那个尴尬时刻的记忆所阻塞的通路。这样做还有一个额外的好处：你再也不会忘记老板的名字了！

提高注意力和效率

重新设定假设清单

你的假设清单就是那烦人的担忧列表，它们会打断你的思维，导致你拖延，或是会干扰你的幸福感。如果我接下来的＿＿＿＿＿＿（你可以在这里填"报告""论文""助学金申请""推销"等）没有成功怎么办？如果我失业了怎么办？如果我减不掉多出来的 10 磅体重怎么办？我们大多数人都有一大堆担忧，这些担忧困扰着我们，并且往往很顽固，但它们不一定真的存在。那么，我们如何才能阻止这些担忧占据我们生活的主导地位呢？

最近的研究表明，有两种策略能产生强大而可靠的效果。特别是当人们想象出一种担忧的积极结果或口头说出假设清单中的担忧的替代性结果时，不仅担忧（即焦虑）的感觉会减轻，而且还会体验到"应对能力的提升"。换句话说，他们会与担忧保持足够的距离，从而意识到自己能够应对它。

所以请试一试这个练习。它非常简单，但需要不断重复才能产生效果。我建议你至少要留出一周时间来进行这个自我实验，每天做一次。你需要写下你的经历，这一点同样很重要，步骤如下。

1. 请你想一个常见的担忧。
2. 请专注于你的呼吸 5 分钟。如果你走神了，就重新回到你的呼吸上来。你可能需要一个计时器，以确保自己坚持了规定的 5 分钟。
3. 完成这个练习后，回顾假设清单中的选定项目，然后做以下两件事中的一件。

   i. 闭上眼睛，想象一个关于你的担忧的积极的结果（例如，你所有的朋友和同事在你演讲完后都会走过来告诉你，这是一次很棒的演讲，并且是他们听过的你发表的最好的演讲）。
   ii. 闭上眼睛，大声说出那个积极的结果（你可以对自己说——在我的演讲结束后，我的同事和导师都来祝贺我完成了一场精彩的演讲）。

当你记录的时候，请想想你在完成呼吸步骤后的感觉，然后再想想你在完成可视化或口头说出积极的结果这一步骤后的感觉。你可能还想试试将这个练习应用在你假设清单的其他担忧上。我无法保证你假设清单上的担忧会消失，但我相信你会开始对这些担忧产生耐受性。你可能会觉得自己与这些担忧更远了一些，并开始对它们抱有更客观的态度。

关注你的注意力

总有一些事情需要我们去完成。这项练习会让你意识到自己的注意力是如何集中的，同时也能增强你的注意力。步骤如下。

1. 下一次当你在工作中或家里需要完成一个需要尽快搞定的任务时，请给自己 10 分钟时间专注于这项任务。在这段时间内，不要进行任何其他活动，包括接电话、看手机、上网、刷最喜欢的媒体新闻或是与宠物玩耍。

2. 如果你坚持了 10 分钟，请给自己一个赞，必要时要稍做休息，然后重新开始。

3. 举个例子，如果你突然发现自己在 10 分钟的专注挑战中看视频，那就简单地记下分散你注意力的内容，然后重新开始新的 10 分钟专注挑战。不要惩罚自己。

这项练习将帮助你意识到到底是什么让你分心，还会让你明白其中可能的原因。你还需要注意自己专注挑战的极限——你能坚持 15 分钟，还是 30 分钟？当你累的时候会怎么样？当你进行需要注意力高度集中的活动时，这些问题的答案会告诉你应该在什么时候让自己休息一下或停下这些活动。

改变环境

当坏焦虑开始增加时，提高自己的注意力的最好方法之一就是改变环境。如果再加上一些锻炼，效果会更好。快步走不仅能改善你的情绪，还能改善你的注意力。你可以通过给散步定一个目的来强化这一策略：你可以选择一个美丽或令人愉快的目的地，邀请一位朋友和你一起散步过去；或是散步去超市、商场甚至机场！

坚持冥想

如果你读了我的第一本书《健康大脑，幸福生活》（*Healthy Brain, Happy Life*），你就会知道，对我来说开始一次常规的冥想练习有多么困难。我尝试了各种方法，从引导冥想到上课，再到 YouTube 课程。所有的方法对我来说都不起作用，直到有人给我看了一场茶道冥想。茶道冥想结合了开放式监控冥想，在这种冥想中，你会意识到你的想法和感觉，还可以泡茶和喝茶。对我来说，用茶壶泡一壶口感上佳的茶，并伴随着冥想仪式，不知何故给了这种体验一种前所未有的美感和意义，步骤如下。

1. 在桌子或其他舒适的地方摆上茶具，你需要准备一个装有开水的茶壶，一个装有足够散茶（至少要可以沏三杯）的茶壶，还有你自己选择的茶杯。

2. 倒一些开水进茶壶里。

3. 静静地坐着，等待茶水慢慢变浓。

4. 小心地给自己倒一杯茶。

5. 喝茶，品尝它的味道，感受茶汤温暖喉咙和腹部的感觉。当你喝茶或等待下一泡茶的时候，可以观察周围的环境。我总是在我家的盆栽附近进行茶道冥想，安静地观察这些植物。如果你坐在室外，也可以观察大自然。

6. 重复这个仪式，直到茶壶里的水全部泡完。

　　每日的早茶冥想结束了我对冥想方法的寻找。我热爱早茶冥想，事实上，我生活里也需要这样的仪式。虽然我其实并没有寻求其他形式的冥想，但我有时会尝试在茶道冥想中加入慈心冥想的方法。例如，我会关注那些能让我产生最强烈的爱意、善意和同情的人或动物，然后（如果我愿意的话）尝试将这些感情延伸到我生命中的其他人身上，那些我对他们的爱意、善意和同情不那么强烈的人。大多数早上，我只是试着专注于自己的身心感受，让吸引我注意力的那些转瞬即逝的想法（今天我的第一个预约是什么时候、我昨晚有没有发送邮件）从我脑海中飘过。

用写作集中注意力

另一个活在当下、训练大脑专注于眼下的好方法是定期写作练习。早上醒来或睡前是将你的思想倾倒在纸上的最佳时间。这个练习也会有助于你的冥想练习。步骤如下：

1. 花 5 分钟时间把自己的想法写在日记本或手边的任何一张纸上（我建议你把这些写出来，而不是打字，因为这会让你的速度慢下来，从而让你在这个过程中更沉思和专注）。

2. 准确地写出你现在身体的感觉。你可以从你的脚开始简单地进行描述（强壮、有力、酸痛、紧绷——无论什么感觉，都可以写下来），一路往上写，或是专注于你身体的某一部分，抑或是专注于呼吸。

试着把注意力集中在你身体的感觉上，以便你更好地专注于当下。无论你是否能在 5 分钟内写完，甚至读完你写的东西（有时候我不能）。重点是，你要利用这个练习来帮助自己专注当下。

激发创造力

深入研究你的焦虑

你有没有过这样的经历——你迫于压力想出了一个解决

方案或应变方法，虽然这是你想到的第一个方案或唯一一个
方案，但它的效果很好？那么这就意味着，你可能已经至少
使用了坏焦虑的其中一个方面来激发创造力。即使这个解决
方案不是最优之选，但一些由焦虑引发的解决方案也能让你
渡过难关！想一想那些你想出快速解决方案的时候，并写下
最让你喜欢的例子。例如，我记得有一次，我的上背部和颈
部严重拉伤了，因为我整天都在电脑前弓着背打字。在家里
这种情况更糟糕，因为我经常在家里写书。我真的很想在家
里放一张立式书桌，但我的公寓里没有足够的空间了。我
找到了一张完美的桌子，但它不仅太贵了，而且对我家巴
掌大的地方来说也太大了。我的背变得越来越驼。我的解决
方案是——纸巾。事实证明，在我的餐桌上放两卷纸巾，不
仅可以让我的电脑达到站立办公时的最佳高度，而且在我不
需要站着打字的时候，它们也便于放在厨房里。现在轮到你
了：在你的生活中，什么是你日常烦躁或焦虑的根源，让你
觉得自己碰了壁？你怎样才能把自己对问题的感受和寻求解
决方案的愿望区分开来呢？你要允许自己首先关注你是如何
感受到焦虑的，这可能会帮你想出替代的解决方案。你要允
许自己经历焦虑、烦恼甚至愤怒，这往往会给你在生活中创
造或发明真正有用的东西带来机会。你已经用坏焦虑的体验
创造性地解决了问题，这项练习可能会让你对这种方式大为
欣赏！

书写新故事

我希望这本书能让你明白，每一个充满挑战，甚至是糟糕的、令人焦虑的情况都可以成为创造力的起点。在这个练习中，你可以从过去的经历中选一件具有挑战性的事情——糟糕的分手往往是一个很好的例子。你要选择一件时间距离现在足够长的事情，这样你就可以在不引发任何剧烈的疼痛或是焦虑的情况下重新审视它。现在，请你来写一个关于分手的故事，其中要包括好的部分——也许是你们的关系是如何开始的。然后，当你开始描述结局时或当你们的关系发生巨大的变化时，请站在局外人的角度。最后，你要找出这段关系中最好的地方，包括你从中学到的人生经验，关于关系是如何发展的以及这一切在今天是如何影响你的。这是另一个版本的重构实验，但这个故事能让你创造一些新的东西，以纪念你生命中的一次艰难的学习经历。

练习刻意的创造力

这是你利用注意力网络来练习刻意的创造力的时刻。请从个人生活或工作中找出一个你想要努力解决的问题，或你想要努力提高的技能。现在，请利用你前额皮质的注意力网络系统地探索和研究这一问题或任务。你可以询问其他人，了解他们之前是如何解决这个问题的，也可以查阅你能找到的所有相关解决方案。你需要花时间解决这个问题，这样你就能比以前更深入地思考你的每一步。你甚至可能会想为不同的解决方案建模。我们的想法是，可以用这种刻意的、以注意力为中心的方法来探索这类创造力。请提出至少三种不同的解决方案以供选择。

练习自发的创造力

现在，找一个你想解决的别的问题（例如，如何优化你的饮食计划而不浪费食物，或者如何让你的家更环保）。这一次使用的是自发的创造力，让你的思绪漫游（使用你的默认模式网络）从而更间接地处理问题。请注意，上一个练习和这个练习都需要好焦虑的关键方面。也就是说，这是一种创造性地解决问题以及控制你的注意力网络的动力或能量，要么以更直接的方式将其用于有意识地创造性地解决问题，要么以更间接的方式专注于可能激发当前问题解决方案的其他想法。

清醒梦

几个世纪以来，梦一直被视作灵感和创造力的源泉。清醒梦是一种特殊的梦，你可以有意识地练习如何做清醒梦，并用它来激发更多创造性的想法或见解。从形式上讲，清醒梦是指做梦者意识到自己在做梦。心理生理学家斯蒂芬·拉伯格（Stephen LaBerge）对清醒梦做了大量的研究，他还写了一本书，详细介绍了如何练习和强化这种醒着做梦的方法，以下是简化版的步骤。

1. 睡觉前决定自己想做什么梦；要有一个目标或意图。

2. 怀着这个意图，开始有意识地进入睡眠。

3. 当你进入睡眠时，想象自己处于目标或意图的场景中。

4. 牢记具体的细节并专注于它们；这将有助于建立你对它们的记忆。

5. 当你在晚上或早上醒来时，尽可能详细地记下你的梦。

你练习得越多，你的大脑就会越关注你的梦境。

按摩时间到！

2012 年的一项研究表明，按摩可以增加人类体内的催产素，既然催产素可以帮助我们减轻压力，那么还有什么比按摩更好的方法可以促进催产素的分泌，减轻大脑的压力呢？虽然这项研究没有确定是人类触摸还是其他刺激在起作用（机场的座椅按摩也会有同样的效果吗），但如果你想方设法要去做下一次按摩，那便是按摩在起作用！触摸的力量是无可辩驳的。这就是新生儿要贴在母亲胸前的原因；这就是牵手能温暖人心的原因；这就是按摩双脚会让人感觉很放松的原因。身体接触会释放催产素和多巴胺，这是让人感觉良好的最强大的脑-体化学物质！

拥抱吧！

如果按摩能提高催产素水平，那么其他形式的身体接触，包括拥抱、依偎、亲吻以及性行为（就像草原田鼠）也会增加大脑里的催产素，让你感觉良好，就不足为奇了。有时候你真的需要一个拥抱，所以不要害怕要求别人抱抱你！

放声大笑

笑也会促进催产素的释放，所以如果你不想在社交场合假笑，那就看看有趣的电影、喜剧节目、电视节目或者你喜欢的家庭录像来让自己开怀大笑吧。给自己一个充满欢笑的周末，只选择那些能让你发笑的活动！你可以通过各种方式让自己笑一笑：看看父母的抖音推荐视频；在 YouTube 上看《周六夜现场》的老片段；找电影的穿帮镜头；去喜剧中心或其他地方发现新的单口喜剧人，看他们接受考验。

利用焦虑来增强社交肌肉

社交智力是可以开发的。下面是一些简单但有效的方法，可以在利用焦虑的同时挖掘你的同理心，磨炼你的同情心，帮你与他人建立联系。

> ▶ 你的焦虑会被任意一种糟糕的记忆触发吗？首先，提醒自己想一想，在你的生活中，有没有你真正感激的

人（这个人可能与引发焦虑的记忆完全无关），并花时间手写一封感谢信，写上所有你感激对方的原因，贴上邮票，寄给对方。它可以短小精悍，但温暖贴心，我保证这封信不仅会让收件人感激，而且会加强你与那个人的联系。

▶ 你会为金钱而担忧吗？给一项真正需要金钱的事业捐款，以审视你对金钱的担忧。

▶ 你经历过错失恐惧症吗？给别人发三条友好的短信，哪怕只是为了打个招呼或问个问题。

▶ 你有考试焦虑症吗？可以邀请他人和你一起参加Zoom上的学习直播。

▶ 你有工作方面的担忧吗？请比你更有资历的人做你的导师和顾问，为你的职业发展提供指导。

以上建议有什么主题？我想引用戴安娜·罗斯（Diana Ross）的话："伸出手去触摸别人的手。如果可以的话，尽可能让世界变得更美好。"沟通是关键，如果你觉得面对面（或视频对视频）的方式太可怕，那就用写信这样老派的方式，或者用发短信这样新派的方式。你知道如果朋友突然发短信说他们想你，你的感觉会有多好吗？把这个方式告诉其他人，如果有人对你这么做了，请留意自己的感受！

微笑的科学

微笑是一种快速而简单的方法，可以锻炼你的社交肌肉。这背后也有着科学依据。堪萨斯大学的一项研究表明，相对于那些不爱微笑的人来说，那些在一系列有压力的任务中被要求"假笑"的人的压力反应更小；假笑越大，压力反应越小。事实上，研究人员表示，即使咬根棍子把嘴巴做成微笑的样子，也会比不笑产生的压力反应小。虽然我们没有研究过这种反应的具体机制，但它已经被复制了，它可能与深呼吸对压力和焦虑水平的直接影响相似。深呼吸会模仿并激活副交感神经系统，降低压力和焦虑水平。无独有偶，虚假的微笑也可能会激活神经系统中的"休息和消化"反应。最重要的是，假笑其实比你意识到的能更好地帮你度过焦虑。

最后的爱之笔记

《好焦虑》是一本关于如何拥抱焦虑的各个方面的书，它为我们提供了一条通往更充实、更有创造力、压力更小的生活的道路。我希望现在你能明白，焦虑是一种力量，而不是一种诅咒。我也希望你明白，从科学的角度来说，你对自己的思想、感觉和行为的控制力比你想象的要大得多。事实上，这本书中的研究、故事和练习都证明了我们的大脑是多么有灵活性和可塑性，也证明了这种可塑性、这种学习和适应的动力是如何被好焦虑所激发的。积极的思维模式、高效、同情心、心流表现、被激发的创造力和超强的复原力——这些都是伴随着我们意识到并拥有我们的大脑和焦虑可以为我们和他人做的一切而来的意外之喜。但我还想和你们分享最后一种超能力：爱。

父亲和弟弟的去世永远地改变了我和我的生活。最直接的影响之一是，加强了我与母亲和弟媳的联系。我们现在更亲近了。在我们之间，一种新的共同的纽带，一种更深刻的、更"暴露"的爱，以及一种更深的、非常有意识的理解已经扎根。这份爱蔓延到了我所有的亲友身上。它也多多少少地改变了我心中的优先事项——从我要如何利用我的时间（花更多时间与亲友们一起欢笑；花更少时间独自在实验室里待着，回顾我的研究），到我想在这个世界上创造什么

（帮助人们使用他们的大脑，最大限度地发挥他们的才能）。

因为这种丰富的爱的能力，这本书在我的脑海中也突然变得清晰起来，所以更易于书写。我已经意识到，我对弟弟的爱其实一直隐藏着，他过世之前，我一直没有将它表露出来。也许是手足间残存的竞争，也许是我身上挥之不去的孩子气掩盖了它。而他的离开让我明白了爱有着多么深刻的意义。

有句老话说，"在一个人离开之前，你永远意识不到他有多么特别"。不可否认，这句话对我来说是一个真理。我想，如果我没有失去弟弟，我可能永远也无法体会到我对他的爱有多深。我所感受到的所有痛苦的原因，既是我爱的表达，也是让我得以在生活中找到这种新的、广阔的爱之超能力的原因。这种爱也是本书中每一种基于焦虑的超能力的灵感之源。

我逐渐认识到，我们生活中的失去、伤害、考验和磨难，都蕴含着一种深度、一种认知和一种智慧。它的最高体现是对自己生活的一种更深层次的爱。最后，我意识到，作为一个人，我之所以能够继续成长和发展，并不是因为我失去了我的父亲和弟弟，而是因为这种爱。

我希望你能感受爱，拥抱爱，传播爱。在我看来，爱是我们最强大的个人超能力；爱无法估量，在我们余生的每一天里，我们都要充分地使用这种爱的超能力。

铃木温迪博士

▋ 致 谢 ▋

非常感谢我的合著者和写作搭档比利·菲茨帕特里克（Billie Fitzpatrick），谢谢她的智慧、耐心和发人深省的写作能力。感谢我杰出的图书经纪人伊法特·瑞斯·简德尔（Yfat Reiss Gendell），谢谢她的创造力和一贯的坏脾气。感谢我们出色的编辑莉亚·米勒（Leah Miller），谢谢她的正能量、远见和高超的编辑能力。

参考文献

第一部分

1

1. Joseph LeDoux, *Anxious: Using the Brain to Understand and Treat Fear and Anxiety* (New York: Penguin Press, 2015).
2. Robert M. Sapolsky, "Why Stress is Bad for Your Brain," Science 273 (5276), 1996: 749–50, doi:10 1126/science 273 5276 749; Robert M.Sapolsky, *Why Zebras Don't Get Ulcers* (New York: W. H. Freeman, 1998).
3. Jack P. Shonkoff and Deborah A. Phillips, eds, *From Neurons to Neighborhoods: The Science of Early Childhood Development* (Washington,DC: National Academies Press, 2000).
4. Website of the Anxiety & Depression Association of America,https://adaa. org.

2

1. Mark R. Rosenzweig, David Krech, Edward L. Bennett, and Marian C. Diamond, "Effects of Environmental Complexity and Training on Brain Chemistry and Anatomy: A Replication and Extension," *Journal of Comparative and Physiological Psychology* 55 (4), 1962:429–37, doi:10 10.37/h0041137.
2. Tiffany A. Ito, Jeff T. Larsen, N. Kyle Smith, and John T. Cacioppo," Negative Information Weighs More Heavily on the Brain: The Negativity Bias in Evaluative Categorizations," *Journal of Personality and Social Psychology* 75 (4), 1998: 887–900, doi:10.1037//0022-3514.75.4.887.
3. 3 Robert Plutchik, "A General Psychoevolutionary Theory of Emotion," in *Emotion: Theory, Research, and Experience, Volume 1: Theories of Emotion*, Robert Plutchik and Henry Kellerman, eds., (New York: Academic Press, 1980), 3–33.
4. Jeremy P. Jamieson, Alia J. Crum, J. Parker Goyer, Marisa E. Marotta, and Modupe Akinola, "Optimizing Stress Responses with Reappraisal and

Mindset Interventions: An Integrated Model," *Anxiety Stress and Coping* 31 (3) 2018: 245–61, doi:10.1080/10615806.2018.144261.

5.　James J. Gross, "Emotion Regulation: Past, Present, Future," *Cognition and Emotion*, Volume 13: 1999;13:551–573.

6.　James J Gross, "Antecedent- and Response-focused Emotion Regulation: Divergent Consequences for Experience, Expression, and Physiology," *Journal of Personality and Social Psychology* 74(1), 1998: 224–37, doi:10.1037//0022-3514.74.1.224; James J.Gross, ed., Handbook of Emotion Regulation, second edition,(New York: Guilford Press, 2014).

7.　Josh M. Cisler, Bunmi O. Olatunji, Matthew T. Feldner, and John P. Forsyth, "Emotion Regulation and the Anxiety Disorders: An Integrative Review," *Journal of Psychopathology and Behavioral Assessment* 32 (1), 2010: 68–82, doi:10.1007/s10862-009-9161-1.

3

1.　Elizabeth I. Martin, Kerry J. Ressler, Elisabeth Binder, and Charles B. Nemeroff, "The Neurobiology of Anxiety Disorders: Brain Imaging, Genetics, and Psychoneuroendocrinology," *Psychiatric Clinics of North America* 32 (3), 2009: 549–75, doi:10.1016/j.psc.2009.05.004; Rainer H. Straub and Maurizio Cutolo, "Psychoneuroimmunology—Developments in Stress Research," *Wiener Medizinische Wochenschrift* 168 (3–4), 2018: 76–84, doi:10.1007/s10354-017-0574-2.

第二部分

4

1.　Karen J. Parker and Dario Maestripieri, "Identifying Key Features of Early Stressful Experiences that Produce Stress Vulnerability and Resilience in Primates," *Neuroscience & Biobehavioral Reviews* 35 (7), 2011: 1466–83, doi:10.1016/j.neubiorev.2010.09.003.

2.　American Psychological Association, "Building Your Resilience," https://

www.apa.org/topics/resilience.

3. Theodore M. Brown and Elizabeth Fee, "Walter Bradford Cannon: Pioneer Physiologist of Human Emotions," *American Journal of Public Health* 92 (10), 2002: 1594–95.

4. Hideo Uno, Ross Tarara, James G. Else, Mbaruk A. Suleman, and Robert M. Sapolsky, "Hippocampal Damage Associated with Prolonged and Fatal Stress in Primates," *Journal of Neuroscience* 9 (5), 1989: 1705–11, doi:10.1523/JNEUROSCI.09-05-01705.1989.

5. Gang Wu, Adriana Feder, Hagit Cohen, Joanna J. Kim, Solara Calderon, et al., "Understanding Resilience," *Frontiers in Behavioral Neuroscience* 7 (10), 2013, doi:10.3389/fnbeh.2013.00010.

6. Richard Famularo, Robert Kinscherff, and Terence Fenton, "Psychiatric Diagnoses of Maltreated Children: Preliminary Findings," *Journal of the American Academy of Child & Adolescent Psychiatry* 31 (5), 1992: 863–67, doi:10.1097/00004583-199209000-00013.

7. Louise S. Ethier, Jean-Pascal Lemelin, and Carl Lacharité, "A Longitudinal Study of the Effects of Chronic Maltreatment on Children's Behavioral and Emotional Problems," *Child Abuse & Neglect* 28 (12), 2004: 1265–78, doi:10.1016/j.chiabu.2004.07.006.

8. Jungeen Kim and Dante Cicchetti, "Longitudinal Trajectories of Self-System Processes and Depressive Symptoms Among Maltreated and Nonmaltreated Children," *Child Development* 77 (3), 2006: 624–39, doi:10.1111/j.1467-8624.2006.00894.x.

9. Celia C. Lo and Tyrone C. Cheng, "The Impact of Childhood Maltreatment on Young Adults' Substance Abuse," *The American Journal of Drug and Alcohol Abuse* 33 (1), 2007: 139–46, doi:10.1080/00952990601091119.

10. Cathy Spatz Widom and Michael G. Maxfield, "A Prospective Examination of Risk for Violence Among Abused and Neglected Children," *Annals of the New York Academy of Sciences* 794, 1996:224–37, doi:10.1111/j.1749-6632.1996.tb32523.x.

11. Eamon McCrory, Stephane A. De Brito, and Essi Viding, "Research Review: The Neurobiology and Genetics of Maltreatment and Adversity," *The Journal of Child Psychology and Psychiatry* 51 (10), 2010: 1079–95, doi:10.1111/j.1469-7610.2010.02271.x.

12. Michael D. De Bellis, Matcheri S. Keshavan, Duncan B. Clark, B. J. Casey, Jay N. Giedd, et al., "Developmental Traumatology, Part II: Brain

Development," *Biological Psychiatry* 45 (10), 1999: 1271–84, doi:10.1016/ s0006-3223(99)00045-1.

13. Martin H. Teicher, Jacqueline A. Samson, Carl M. Anderson, and Kyoko Ohashi, "The Effects of Childhood Maltreatment on Brain Structure, Function and Connectivity," *Nature Reviews Neuroscience* 17 (10), 2016: 652–66, doi:10.1038/nrn.2016.111; Fu Lye Woon, Shabnam Sood, and Dawson W. Hedges, "Hippocampal Volume Deficits Associated with Exposure to Psychological Trauma and Posttraumatic Stress Disorder in Adults: A Meta-Analysis," *Progress in Neuro-Psychopharmacology and Biological Psychiatry* 34 (7), 2010: 1181–88, doi:10.1016/j.pnpbp.2010.06.016.

14. Jack P. Shonkoff and Deborah A. Phillips, eds., *From Neurons to Neighborhoods: The Science of Early Childhood Development* (Washington, DC: National Academies Press, 2000).

15. Jack P. Shonkoff, W. Thomas Boyce, and Bruce S. McEwen,"Neuroscience, Molecular Biology, and the Childhood Roots of Health Disparities: Building a New Framework for Health Promotion and Disease Prevention," *JAMA* 301 (21), 2009: 2252–59, doi:10.1001/jama.2009.754.

16. Dominic J. C. Wilkinson, Jane M. Thompson, and Gavin W. Lambert, "Sympathetic Activity in Patients with Panic Disorder at Rest, Under Laboratory Mental Stress, and During Panic Attacks," *JAMA Psychiatry* 55 (6), 1998: 511–20, doi:10.1001/archpsyc.55.6.511.

17. Flurin Cathomas, James W. Murrough, Eric J. Nestler, Ming-Hu Han, and Scott J. Russo, "Neurobiology of Resilience: Interface Between Mind and Body," *Biological Psychiatry* 86 (6), 2019: 410–20, doi:10.1016/ j.biopsych.2019.04.011.

18. M. E. Seligman, "Depression and Learned Helplessness," in *The Psychology of Depression: Contemporary Theory and Research*, eds. R. J. Friedman and M. M. Katz (London: John Wiley & Sons, 1974), 83–125.

19. J. Brockhurst, C. Cheleuitte-Nieves, C. L. Buckmaster, A. F. , and D. M. Lyons, "Stress Inoculation Modeled in Mice," *Translational Psychiatry* 5 (3), 2015: e537, doi: 10.1038/tp.2015.34; PMID: 25826112; PMCID: PMC4354359.

20. Gang Wu, Adriana Feder, Hagit Cohen, Joanna J. Kim, Solara Calderon,et al., "Understanding Resilience," *Frontiers in Behavioral Neuroscience* 7, 2013: 10, doi:10.3389/fnbeh.2013.00010.

5

1. Malcolm Gladwell, *Outliers: The Story of Success* (New York: Little, Brown, 2008).
2. Mihaly Csikszentmihalyi, *Flow: The Psychology of Optimal Experience* (New York: HarperCollins, 1991).
3. Ibid.
4. Jeanne Nakamura and Mihaly Csikszentmihalyi, "Flow Theory and Research," in *The Oxford Handbook of Positive Psychology*, eds. Shane J. Lopez and C. R. Snyder (New York: Oxford University Press, 2009), 89–105.
5. Robert Yerkes and John D. Dodson, "The Relation of Strength of Stimulus to Rapidity of Habit Formation," *Journal of Comparative Neurology & Psychology* 18 (1908): 459–82, doi:10.1002 /cne.920180503.
6. Sian Beilock, *Choke: What the Secrets of the Brain Reveal About Getting It Right When You Have To* (New York: Free Press, 2010).
7. Ibid.

6

1. Joseph Loscalzo, "A Celebration of Failure," *Circulation* 129 (9),2014: 953–55, doi:10.1161/CIRCULATIONAHA.114.009220.
2. Carol S. Dweck, *Mindset: The New Psychology of Success*, (New York: Random House, 2006).
3. Elizabeth I. Martin, Kerry J. Ressler, Elisabeth Binder, and Charles B, Nemeroff, 2009. "The Neurobiology of Anxiety Disorders:Brain Imaging, Genetics, and Psychoneuroendocrinology," *Psychiatric Clinics of North America* 32 (3), 2009: 549–75, doi:10.1016/j. psc.2009.05.004.
4. Lang Chen, Se Ri Bae, Christian Battista, Shaozheng Qin, Tanwen Chen, Tanya M. Evans, and Vinod Menon, "Positive Attitude Toward Math Supports Early Academic Success: Behavioral Evidence and Neurocognitive Mechanisms," *Psychological Science* 29 (3), 2018: 390–402, doi:10.1177/0956797617735528.
5. William A. Cunningham and Philip David Zelazo, "Attitudes and Evaluations: A Social Cognitive Neuroscience Perspective," *Trends in Cognitive Science* 11 (3), 2007: 97–104, doi:10.1016/j.tics.2006.12.005.
6. Leo P. Crespi, "Quantitative Variation of Incentive and Performance in

the White Rat," *American Journal of Psychology* 55 (4), 1942: 467–517, doi:10.2307/1417120.

7

1. Sadia Najmi, Nader Amir, Kristen E. Frosio, and Catherine Ayers,"The Effects of Cognitive Load on Attention Control in Subclinical Anxiety and Generalised Anxiety Disorder," *Cognition and Emotion* 29 (7), 2015: 1210–23,doi:10.1080/02699931.2014.975188.
2. Steven E. Petersen and Michael I. Posner, "The Attention System of the Human Brain: 20 Years After," *Annual Review of Neurosciece* 35(2012): 73–89, doi:10.1146/annurev-neuro-062111-150525.
3. Adele Diamond, "Executive Functions," *Annual Review of Psychology* 64 (2013): 135–68, doi:10.1146/annurev-psych-113011-143750.
4. Morgan G. Ames, "Managing Mobile Multitasking: The Culture of iPhones on Stanford Campus," in CSCW ' 13: *Proceedings of the 2013 Conference on Computer Supported Cooperative Work* (2013), 1487–98, doi:10.1145/2441776.2441945.
5. Antoine Lutz, Heleen A. Slagter, John D. Dunne, and Richard J. Davidson, "Attention Regulation and Monitoring in Meditation," *Trends in Cognitive Sciences* 12 (4), 2008: 163–69, doi:10.1016/j.tics.2008.01.005.
6. Matthieu Ricard, Antoine Lutz, and Richard J. Davidson, "Mind of the Meditator," in *Scientific American* 311 (5), 2014: 39–45, doi:10.1038/scientificamerican1114-38; Antoine Lutz, Heleen A Slagter, John D. Dunne, and Richard J. Davidson, "Attention Regulation and Monitoring in Meditation," in *Trends in Cognitive Sciences* 12 (4), 2008: 163–69, doi:10.1016/j.tics.2008.01.005.
7. Heleen A, Slagter, Antoine Lutz, Lawrence L. Greischar, Andrew D. Francis, Sander Nieuwenhuis , James M. Davis, and Richard J. Davidson, "Mental Training Affects Distribution of Limited Brain Resources," *PLoS Biology* 5 (6), 2007: doi:10.1371/journal.pbio.0050138.
8. Yi-Yuan Tang, Yinghua Ma, Junhong Wang, Yaxin Fan, Shigang Feng, Qilin Lu, Qingbao Yu, et al., "Short-term Meditation Training Improves Attention and Self-Regulation," *Proceedings of the National Academy of Sciences* 104 (43), 2007: 17152-17156, doi:10.1073/pnas.0707678104.

9. Julia C. Basso and Wendy A. Suzuki, "The Effects of Acute Exercise on Mood, Cognition, Neurophysiology, and Neurochemical Pathways: A Review," *Brain Plasticity* 2 (2), 2017: 127–52, doi:10.3233/BPL-160040.

10. Stan J. Colcombe and Arthur F. Kramer, "Neurocognitive Aging and Cardiovascular Fitness: Recent Findings and Future Directions," *Journal of Molecular Neuroscience* 24 (2004): 9–14, doi:10.1385/JMN:24:1:009.

11. James A. Blumenthal, Michael A. Babyak, P. Muriali Doraiswamy, Lana Watkins, Benson M. Hoffman, Krista A. Barbour, Steve Herman, et al., "Exercise and Pharmacotherapy in the Treatment of Major Depressive Disorder," *Psychosomatic Medicine* 69 (7): 587–596, doi: 10.1097/PSY.0b013e318148c19a.

12. Gordon J. G. Asmundson, Mathew G. Fetzner, Lindsey B. Deboer, Mark B. Powers, Michael W. Otto, and Jasper A. J. Smits, "Let's Get Physical: A Contemporary Review of the Anxiolytic Effects of Exercise for Anxiety and Its Disorders," *Depression & Anxiety* 30 (4), 2013: 362–73, doi:10.1002/da.22043.

13. Stanley J. Colcombe, Kirk I. Erickson, Paige E. Scalf, Jenny S. Kim, Ruchika Prakash, et al., "Aerobic Exercise Training Increases Brain Volume in Aging Humans," *The Journals of Gerontology Series* a 61 (11), 2006: 1166–70, doi:10.1093/gerona/61.11.1166.

14. Julia C. Basso and Wendy A. Suzuki, "The Effects of Acute Exercise on Mood, Cognition, Neurophysiology, and Neurochemical Pathways: A Review," *Brain Plasticity* 2 (2).

15. Joaquin A. Anguera, Jacqueline Boccanfuso, Jean L. Rintoul, Omar Al-Hashimi, Farshid Faraji, et al., "Video Game Training Enhances Cognitive Control in Older Adults." *Nature* 501 (7465), 2013: 97–101, doi:10.1038/nature12486; Federica Pallavicini, Ambra Ferrari, and Fabrizia Mantovani, "Video Games for Well-Being: A Systematic Review on the Application of Computer Games for Cognitive and Emotional Training in the Adult Population," *Frontiers in Psychology* 9 (2018): doi:10.3389/fpsyg.2018.02127.

8

1. Jack P. Shonkoff, "From Neurons to Neighborhoods: Old and New Challenges for Developmental and Behavioral Pediatrics," *Journal of Developmental*

& *Behavioral Pediatrics* 24 (1), 2003: 70–76,doi:10.1097/00004703-200302000-00014.

2.   Matthew D. Lieberman, "Social Cognitive Neuroscience: A Review of Core Processes," *Annual Review of Psychology* 58 (2007): 259–89, doi:10.1146/annurev.psych.58.110405.085654.

3.   Heide Klumpp, Mike Angstadt, and K. Luan Phan, "Insula Reactivity and Connectivity to Anterior Cingulate Cortex When Processing Threat in Generalized Social Anxiety Disorder," *Biological Psychology* 89 (1), 2012: 273–76, doi:10.1016/j.biopsycho.2011.10.010.

4.   Louise C. Hawkley and John T. Cacioppo, "Loneliness Matters: A Theoretical and Empirical Review of Consequences and Mechanisms," *Annals of Behavioral Medicine* 40 (2), 2010: 218–27, doi:10.1007/s12160-010-9210-8; Stephanie Cacioppo, John P. Capitanio, and John T. Cacioppo, "Toward a Neurology of Loneliness," Psychological Bulletin 140 (6), 2014: 1464–1504, doi:10.1037/a0037618.

5.   Cigna, "New Cigna Study Reveals Loneliness at Epidemic Levels in America," May 1, 2018, https://www.cigna.com/about-us/newsroom/news-and-views/press-releases/2018/new-cigna-study-revealsloneliness-at-epidemic-levels-in-america#:~:text=Research%20Puts%20Spotlight%20on%20the,U.S.%20and%20Potential%20 Root%20Causes&text=The%20survey%20of%20more%20 than,left%20out%20(47%20percent).

6.   Julianne Holt-Lunstad, Timothy B. Smith, and J. Bradley Layton,"Social Relationships and Mortality Risk: A Meta-analytic Review," *PLOS Medicine* 7 (7), 2010, doi:10.1371/journal.pmed.1000316.

7.   Bhaskara Shelley, "Footprints of Phineas Gage: Historical Beginnings on the Origins of Brain and Behavior and the Birth of Cerebral Localizationism," *Archives of Medicine and Health Sciences* 4 (2),2016: 280–86.

8.   James M . Kilner and Roger N . Lemon, "What We Know Currently about Mirror Neurons," *Current Biology* 23, 2013: R1057-R1062 . doi: 10 .1016/j .cub .2013 .10 .051.

9.   Frans B. M. de Waal and Stephanie D. Preston, "Mammalian Empathy: Behavioural Manifestations and Neural Basis," *Nature Reviews Neuroscience* 18 (8), 2017: 498–509, doi:10.1038/nrn.2017.72.

10. Giacomo Rizzolatti and Corrado Sinigalia, "The Mirror Mechanism: A Basic Principle of Brain Function," *Nature Reviews Neruoscience* 17 (12), 2016: 757–65, doi:10.1038/nrn.2016.135.

11. Claus Lamm, Jean Decety, and Tania Singer, "Meta-analytic Evidence for Common and Distinct Neural Networks Associated with Directly Experienced Pain and Empathy for Pain," *Neuroimage* 54(3), 2011: 2492–502, doi:10.1016/j.neuroimage.2010.10.014.

12. Claus Lamm and Jasminka Majdandzic, "The Role of Shared Neural Activations, Mirror Neurons, and Morality in Empathy—A Critical Comment," *Neuroscience Research* 90 (2015): 15–24, doi:10.1016/j.neures.2014.10.008.

13. Kevin A. Pelphrey and Elizabeth J. Carter, "Brain Mechanisms for Social Perception: Lessons from Autism and Typical Development," *Annals of the New York Academy of Sciences* 1145 (2008): 283–99,doi:10.1196/annals.1416.007.

14. Greg J. Norman, Louise C. Hawkley, Steve W. Cole, Gary G. Berntson, and John T. Cacioppo, "Social Neuroscience: The Social Brain, Oxytocin, and Health," *Social Neuroscience* 7 (1), 2012: 18–29, doi:10.1080/17470919.2011.568702; Candace Jones, Ingrid Barrera, Shaun Brothers, Robert Ring, and Claes Wahlestedt, "Oxytocin and Social Functioning," *Dialogues in Clinical Neuroscience* 19 (2), 2017:193–201, doi:10.31887/DCNS.2017.19.2/cjones.

15. Thomas R. Insel, "The Challenge of Translation in Social Neuroscience: A Review of Oxytocin, Vasopressin, and Affiliative Behavior," *Neuron* 65 (6), 2010: 768–79, doi:10.1016/j.neuron.2010.03.005.

16. Greg J. Norman, Louis C. Hawkley, Steve W. Cole, et al., "Social Neuroscience: The Social Brain, Oxytocin, and Health," *Social Neuroscience* 7 (1), 2012: 18–29.

17. Candace Jones, Ingrid Barrera, Shaun Brothers, et al., "Oxytocin and Social Functioning." *Dialogues in Clinical Neuroscience* 19 (2),2017: 193–201.

18. Daniel Goleman, *Working with Emotional Intelligence* (New York: Bantam Dell, 2006).

19. Daniel Goleman, *Social Intelligence: The New Science of Human Relationships* (New York: Bantam Books, 2006).

9

1. Arne Dietrich, "The Cognitive Neuroscience of Creativity," *Psychonomic Bulletin & Review* 11 (6), 2004: 1011–26, doi:10.3758/bf03196731.

2. Ibid.

3. Julie Burstein, *Spark: How Creativity Works* (New York: HarperCollins,2011).

4. Arne Dietrich and Hilde Haider, "A Neurocognitive Framework for Human Creative Thought," *Frontiers in Psychology* 7 (2078), 2017:doi:10.3389/fpsyg.2016.02078.

5. Ibid.

6. M. Jung-Benjamin, E.M. Bowden, J. Haberman, J.L. Frymiare, S. Aranbel-Liu, R. Greenblatt, P.J. Reber, J. Kounios, " Neural Activity When People Solve Verbal Problems with Insight" in *PLoS Biology*, 2(4), April 2004: E97, doi: 10.1371/journal.pbio.0020097.

7. Lindsey Carruthers, Rory MacLean, and Alexandra Willis, "The Relationship Between Creativity and Attention in Adults," *Creativity Research* 30 (4), 2018: 370–79, doi:10.1080/10400419.2018.1530910.

8. Randy L. Buckner, Jessica R. Andrews-Hanna, and Daniel L. Schacter,"The Brain's Default Network: Anatomy, Function, and Relevance to Disease," Annals of the New York Academy of Sciences 1124 (1), 2008: 1–38, doi.org/10.1196/annals.1440.011.

9. Roger E. Beaty, Yoed N. Kennett, Alexander P. Christensen, Monica D. Rosenberg, Mathias Benedek, Qunlin Chen, Andreas Fink, et al.,"Robust prediction of individual creative ability from brain functional connectivity," *Proceedings of the National Academy of Sciences* 115 (5), 2018: 1087–92, doi:10.1073/pnas.1713532115.

10. Peter, "The Cognitive Neuroscience of Creativity," h+, August 16, 2015, https://hplusmagazine.com/2015/07/22/the-cognitive-neuroscience-of-creativity/.

11. Scott B. Kaufman, 2007, "Creativity," in *Encyclopedia of Special Education*, 4th ed., Vol. 3, eds. Cecil R. Reynolds, Kimberly J. Vannest, and Elaine Fletcher-Janzen (New York: Wiley, 2014).

12. Lindsey Carruthers, Rory MacLean, and Alexandra Willis, "The relationship between creativity and attention in adults," *Creativity Research* 30 (4), 2018: 370–79, doi:10.1080/10400419.2018.1530910.

13. Jiangzhou Sun, Qunlin Chen, Qinglin Zhang, Yadan Li, Haijiang Li, et al., "Training Your Brain to Be More Creative: Brain Functional and Structural Changes Induced by Divergent Thinking Training," *Human Brain Mapping* 37 (10), 2016: 3375–87, doi:10.1002/hbm.23246.

14. Julie Burstein, *Spark: How Creativity Works* (New York: Harpercollins,2011).

第三部分

10

1. James J. Gross and John P. Oliver. 2003, "Individual Differences in Two Emotion Regulation Processes: Implications for Affect, Relationships, and Well-being," *Journal of Personality and Social Psychology* 85 (2), 2003: 348–62, doi:10.1037/0022-3514.85.2.348.
2. Lisa Mosconi, *Brain Food: The Surprising Science of Eating for Cognitive Power* (New York: Aver, 2018).
3. Matthew Walker, *Why We Sleep* (New York: Scribner, 2017).
4. Lin-Manuel Miranda, Gmorning, *Gnight!: Little Pep Talks for Me & You* (New York: Random House, 2018).
5. Qing Li, "Effect of Forest Bathing Trips on Human Immune Function," *Environmental Health and Preventive Medicine* 15 (1), 2009: 9–17, doi:10.1 007%2Fs12199-008-0068-3.
6. Claire Eagleson, Sarra Hayes, Andrew Mathews, Gemma Perman, and Colette R Hirsch, "The Power of Positive Thinking: Pathological Worry is Reduced by Thought Replacement in Generalized Anxiety Disorder," *Behaviour Research and Therapy* 78, 2016: 13–18, doi:10.1016/j.brat.2015.12.017.
7. Wendy Suzuki and Billie Fitzpatrick, *Healthy Brain, Happy Life: A Personal Program to Activate Your Brain & Do Everything Better* (New York: Dey Street, 2015).

图书在版编目（ＣＩＰ）数据

好焦虑/(日)铃木温迪, (英)比利·菲茨帕特里克著; 陈汐译. —— 贵阳:贵州人民出版社, 2023.3
ISBN 978-7-221-17518-2

Ⅰ.①好… Ⅱ.①铃…②比…③陈… Ⅲ.①焦虑—心理调节—通俗读物 Ⅳ.①B842.6-49

中国版本图书馆CIP数据核字(2022)第213555号

GOOD ANXIETY

Copyright © 2021 by Wendy Suzuki, PhD

Published by ATRIA BOOKS

All rights reserved

本书中文简体版权归属于银杏树下（北京）图书有限责任公司。

著作权合同登记图字：22-2022-131号

好焦虑

HAO JIAOLÜ

著　者：［日］铃木温迪　　［英］比利·菲茨帕特里克
译　者：陈　汐
选题策划：后浪出版公司
出版统筹：吴兴元　　　　　　　　编辑统筹：王　頔
特约编辑：谢翡玲　　　　　　　　责任编辑：周湖越
装帧设计：墨白空间·陈威伸
出版发行：贵州出版集团　贵州人民出版社
地　址：贵阳市观山湖区会展东路SOHO办公区A座
邮　编：550081
印　刷：天津中印联印务有限公司
版　次：2023年3月第1版
印　次：2023年3月第1次印刷
开　本：889毫米×1194毫米　1/32
印　张：9.5
字　数：182千字
书　号：ISBN 978-7-221-17518-2
定　价：46.00元

贵州人民出版社微信